中国耕作制度发展与新区划

ZHONGGUO GENGZUO ZHIDU FAZHAN
YU XINQUHUA

陈 阜　姜雨林　尹小刚　褚庆全　编著

U0239468

中国农业出版社

北 京

编　著　陈　阜　姜雨林　尹小刚　褚庆全

资料整理与统计

霍明月　汤　晟　赵　芹　全楚格

杨雨豪　邹晓蔓　张　力　叶　凡

胡素雅

耕作制度是一个地区或生产单位种植制度以及与之相适应的养地制度的综合体系，决定着区域农作物生产的结构、布局、模式及地力培育等，是农业生产的基本性制度。耕作制度以提高耕地生产力水平和农业生产可持续能力为目标，促进农作物持续增产稳产、保护资源、改善环境、培养地力等，是保障农业持续高效发展的战略性措施。受气候变化、社会经济发展、科学技术进步和生产经营水平等影响，耕作制度发展具有明显阶段性。

新中国成立以来，我国耕作制度发展取得巨大成就。我国耕作制度经历了多次大的调整改革，对保障国家粮食安全和农业增效、农民增收做出了历史贡献，推动了我国农业生产不断迈上新台阶。改革开放前，以调整熟制为主体的耕作改制，大幅度提高了复种指数和农田周年产量，有效解决了人们的温饱问题；改革开放后，以优化种植结构与种植模式为主体的耕作改制，显著推动了农业高产与农民增收的结合，支撑我国农业生产总体上由数量增长型向"高产、优质、高效"全面转变。同时，在我国耕作制度理论与技术创新方面取得重大成就，在种植结构与作物布局优化、多熟复合种植模式构建、作物轮作体系建立、保护性耕作等方面的研究持续深入，在机理研究与调控技术方面都在不断深化和突破。

当前，我国农业发展全面进入转型发展阶段，推动以生态文明建设为核心的社会经济转型发展是我国的重大战略任务，农业发展也必须从主要追求产量和依赖资源消耗的粗放经营转到数量质量效益并重、注重提高竞争力、注重农业科技创新和注重可持续发展上来。耕作制度将紧紧围绕国家粮食安全与现代农业建设，从建设资源节约、生态友好、集约高效、产业协调的现代耕作制度出发，适应农业生产机械化、规模化、精准化发展趋势，积极开发多功能、绿色生态新型耕作制度模式与技术，努力构建用养结合、生态高效、生产力持续稳定提升的种植制度与养地制度。如何适应气候变化和技术进步双重影响、资源条件制约和生态保护要求，以及深度开发农业生产系统的生态服务功能等,是新阶段我国耕作制度理论与技术创新的迫切需求。同时,如何针对结合农业资源要素与农业生产特征的显著变化,进行新的耕作制度区划也是迫切需要解决的问题。

在国家公益性行业科技"现代农作制模式与配套技术研究(2008—2015)"和国家"十三五"重点研发计划"粮食作物丰产增效资源配置机理与种植模式优化(2016—2020)"等项目支持下,本课题组对新中国成立以来中国耕作制度发展历程、取得成就、面临挑战和发展趋势等进行了系统研究,构建了以县域为单元的作物生产与资源要素空间数据库,对耕作制度区划的熟制界限、分区标准等指标体系做了更新调整,完成了中国耕作制度新区划。

本书较为详细地介绍了中国耕作制度新的分区方案及各区域耕作制度特征分析,也概述了耕作制度相关内容含义及发展历程与成就,提出了我国及区域耕作制度发展面临的问题与趋势。本书在编写过程中得到了许多同行专家的支持和帮助,并得到中国农业出版社的大力支持。

由于编者水平所限,错误及疏漏之处在所难免,希望专家和读者给予批评、指正。

编著者

2021 年 1 月

CONTENTS 目 录

第一章

我国耕作制度发展概况

耕作制度是农业生产的基本性制度，是一个地区或生产单位作物种植制度以及与之相适应的养地制度的综合技术体系。中国关于合理耕作制度的思想源远流长，早在 2 000 多年前就已经提出了土壤耕作、用地养地、休闲轮作的一些重要哲理与实践经验。从原始农业的撂荒农作制，到传统农业的休闲耕作制、轮种耕作制，再到现代农业的集约耕作制，耕作制度的每次大变革既是人类社会文明和科学技术进步的重要标志，也是农业发展水平和生产力的大幅跨越。耕作制度以提高耕地生产力水平和农业生产可持续能力为目标，促进农作物持续增产稳产、保护资源、改善环境、培养地力，并有效地协调农户、地方与国家需求关系。

第一节　耕作制度及其主要研究内容

一、耕作制度含义

耕作制度（cropping system and soil management）是指一个地区或生产单位作物种植制度以及与之相适应的农田养地制度的综合技术体系。作物种植制度是耕作制度的主体，它决定一个地区或生产单位的作物构成、配置、熟制和种植方式等，着眼于提高土地生产力及生产效益。农田养地制度包括土壤耕作、土壤培肥、水分调控、秸秆与残茬处理、农田保护等，着眼于地力培育及作物生产的可持续能力。其具体技术功能主要体现在作物种植合理布局、间套复种等多熟种植、轮作倒茬、农牧结合、土壤耕作等方面，宏观技术功能主要体现在区域种植业合理布局与结构调整上。

（一）作物种植制度

作物种植制度（cropping system）是指一个地区或生产单位作物组成、配置、熟制与种植方式的综合体系。种植制度是农业生产最基本的制度，决定着区域农作物种植结构与布局、种植模式及生态经济效益等，是促进农业增产增收的根本性措施和重要标志。我国地域广阔，各地的气候、地形地貌、土壤及社会经济条件等差异显著，区域种植制度特点非常明显，形成了丰富多样的作物生产模式和种植制度类型。随着我国农村经济快速发展和现代农业建设步伐加快，需要从持续提高农业综合生产能力和农业生产效益及农民增收角度，构建高产优质高效、生态安全的种植制度和新型种植模式，进一步挖掘高产潜力、降低生产成本、提高资源利用效率和生产效益，有效推进农业结构优化和产业升级。作物种植制度主要内容包括：

1. 作物布局　作物布局是指一个地区或生产单位作物结构与配置的总称，包括作物种类、品种、面积及其比例，作物在区域或田块上的具体分布等内容，是种植制度的主要内容与基础。

2. 复种与间混套作　复种与间混套作不仅是传统农业的精华技术，同样也是现代农业的重要组成部分，尤其在人多地少的国家和地区，对协调人地矛盾、提高土地利用率、协调粮经作物生产等起到显著的增产增效作用。复种与间混套作都属于多熟种植，是指在同一田地上在同一年内种植两种或两种以上作物的种植方式，广泛分布于中国主要农区，表现作物生产在时间与空间上的集约化利用光、热、水、气候和土地资源，实现农田生产高产高效。

3. 作物轮作与连作　作物轮作是指在同一块田地上，在一定的年限内有顺序地轮换种植不同作物的种植方式。在实际生产中往往都没有严格的轮换种植年限及顺序，只是在不同年度或不同季节倒换种植另一种作物，一般称作"换茬"或"倒茬"。与轮作正好相反，连作是指在同一块田地上在一定的时期内连年种植相同作物或采用相同的复种模式的种植方式。在现代农业生产的专业化、规模化种植制度中，连作也是普遍采用的种植方式。

（二）农田养地制度

农田养地制度是与种植制度相适应的以地力培育及保护为中心的技术体系，包括土壤耕作制、施肥制、农田灌溉制及作物病、虫、杂草防除制等内容，轮作技术也有养地功能。农田养地制度主要目的是为农作物生长发育提供所需的水、肥、气、热等生活因素，保证地力常新和作物持续高产。在农业发展过程中，农田养地制度主要经历了四个发展阶段：原始农业主要靠撂荒等自然措施恢复地力；在传统农业阶段主要靠有机肥、绿肥、轮作、耕作等措施进行养地；在传统农业向现代农业过渡阶段是靠有机肥和化肥结合的措施进行养地；在现代农业中，主要是靠化肥、农药和保护性耕作等进行养地。随着农田生产力水平的持续提高，人们对养地技术的需求越来越大，保持和提升农田土地肥力，是支撑农作物生产可持续发展的重要基础。农田养地制度主要内容包括：

1. 土壤耕作　土壤耕作的主要任务就是根据作物的生长发育需要，通过合理的耕作措施调整土壤耕层和地面状态，调节土壤水分、空气、温度和养分的关系，为作物播种、出苗和生长发育提供适宜的土壤环境。适宜的土壤环境是作物高产的必要条件，要维持作物持续高产，就要通过土壤耕作协调土壤肥力因素之间的矛盾，为作物生长发育创造适宜的耕层构造，翻埋残茬、肥料和杂草。土壤耕作措施众多，既包括翻耕、松耕、旋耕等动土强度较大的基本耕作措施，也包括耙地、耱地、中耕、起垄及镇压、作畦等动土强度较小的表土耕作措施。近年来，以少耕、免耕和秸秆覆盖为特点的保护性耕作成为发展趋势。具体耕还是不耕、多耕还是少耕，要因地制宜，根据当地气候、土壤条件及所种植作物的要求来确定。

2. 土壤培肥 土壤培肥是通过人为措施提高土壤肥力的综合技术体系，内容比较宽泛，既包括科学施肥和合理灌溉，也包括轮作倒茬、土壤改良等，其核心是建立农田有机质、养分、水分用养结合的平衡体系。施肥是土壤培肥最有效和最直接的方法之一，有机肥和无机肥相结合是理想的施肥措施，但受有机肥源不足、收集利用困难、速效养分含量低等制约，施用化学肥料目前仍是促进土壤养分平衡和扩大农田物质循环的主要措施；此外，利用种植豆类作物、轮作倒茬、秸秆还田等生物养地措施也是值得重视的技术。

3. 农田保护 从土地资源管理角度，农田保护的内容非常宽泛。首先是农田的数量保护，规范耕地占补平衡，数量上要牢牢守住 18 亿亩*（1.2 亿 hm^2）耕地红线；用途上要坚决遏制耕地"非农化"、控制"非粮化"等。其次是农田质量保护，如采取工程措施或生物措施结合的农田基本建设，通过平整土地、改造坡耕地、改良土壤、营造农田防护林和兴修农田水利等途径，防治耕地水土流失、沙化、盐碱化及土壤污染、肥力退化，提高粮食和重要农副产品供给保障能力。再次从耕作制度角度，农田保护的主要内容包括种植保护性作物，增加地表覆盖和控制土壤风蚀水蚀；通过高留茬、秸秆覆盖、少耕免耕等为主体的保护性耕作；应用乔、灌、草结合的农田防护带及农田景观打造，增加农田湿度、降低风速和防治干热风危害；应用带状种植、等高耕作、沟垄耕作等防止水土流失与促进作物稳产高产。

二、耕作制度发展演变

耕作制度发展具有相对的稳定性和明显的阶段性，其形成和发展主要取决于当时的社会经济发展水平，并与科学技术水平和生产经营水平密切相关，并体现出不同历史阶段用地水平和养地水平的高低。从发展历史看，中国耕作制度发展主要经历了撂荒耕作、休闲耕作、连作耕作和集约耕作四个阶段。

（一）撂荒耕作制

撂荒耕作制是指人类农耕初期最原始的游耕制度，由采集、狩猎逐步过渡而来的一种近似自然状态的农业生产方式。先用火烧毁成片树木或野草后，采

---

* 亩为非法定计量单位，15 亩＝1 公顷。——编者注。

用简陋的石器、棍棒等生产工具掘松土壤，播种作物。种植三五年后土壤变瘠、杂草滋生、产量降低，就将原有土地抛弃撂荒，待土壤肥力自然恢复后再行种植。这种"刀耕火种"的粗放经营方式目前在一些环境恶劣、经济落后、人烟稀少的地区仍然存在，农业生产力水平极为低下。

（二）休闲耕作制

休闲耕作制是指随着社会经济发展和人口增加，对土地的利用程度要求提高，撂荒年限逐渐缩短到只有1～2年的耕作制度。进入休闲耕作制阶段，已经从人耕发展到畜耕，耕作效率大大提高。恢复地力不完全依靠自然过程，而是开始应用一些人工养地措施。一般总耕地面积中的1/3～1/2种植农作物，其他部分则实行休闲，即土地种植作物1～2年后再休耕1～2年。目前，休闲耕作制在我国半干旱地区和边远地区尚有少量存在，农业生产力水平比较低。

（三）连年耕作制

连年耕作制是指随着人口增加、生产条件与生产工具改进，休闲面积比例很少，可以在同一块田地上连年种植的耕作制度。进入连年耕作制阶段，农业生产水平已经大幅度提高，畜力和农耕机具普遍应用，地力恢复主要依靠人工措施，如施用有机肥、化肥或采用生物措施等。作物轮作是推进连年耕作制的重要手段，我国盛行禾谷类作物与豆科作物、绿肥作物轮作，在南方稻田盛行水旱轮作，在复种地区盛行复种轮作，都是有效控制病虫草害和恢复地力的主要途径。

（四）集约耕作制

集约耕作制是指在单位面积土地上高度集中投入生产力要素（包括肥料、良种、机械、劳力），以实现农田高产出、高效益的一种耕作制度。进入集约耕作制阶段，初期主要表现为选育良种、间套复种、增施粪肥等精耕细作生产方式，以我国古代传统集约制农业为代表，后期表现为充分利用现代农业科技进步和现代工业装备的商品化农业，利用化肥、农药、灌溉、机械、设施等对作物生长发育进行有效调控，农业生产力和效率、效益大幅度提升。

三、耕作制度优化

因地制宜是耕作制度发展遵循的基本原则，在不同自然资源、社会经济条件、科技水平以及不同区域产业政策和农产品需求背景下，耕作制度的发展方向、模式及技术途径都会有很大差异。耕作制度具体技术功能主要体现在作物种植合理布局、间套复种等多熟种植、轮作倒茬、农牧结合、土壤耕作等方面，宏观技术功能主要体现在区域种植业合理布局与结构调整上。

1. 耕作制度区划　耕作制度区划是遵循地域分异规律，突出有明显地域差异的主导因素和关键因素，将农业区域划分出不同层级的耕作制度类型，为充分合理利用区域农业资源和因地制宜推进耕作制度调整优化提供科学依据。20

世纪 80 年代中期完成的第一轮《中国耕作制度区划》，按照自然条件与社会经济条件的差异、作物种类与熟制的不同，将我国耕作制度分为 3 个熟带、12 个一级区和 38 个二级区，体现了耕作制度的区域差异性特征。2020 年，根据气候变化和技术进步发生的显著变化以及国家相关区划调整、主体功能区规划等，又进行了新一轮耕作制度区划，将全国划为 3 个熟带、11 个一级区和 41 个二级区。

2. 种植结构调整　种植业结构是指种植业内部粮、经、饲、果、蔬、药、糖等作物间的比重和关系，需要处理好粮食与高价值作物间的关系，粮经作物与饲料作物之间的比重与关系。改革开放以来几次种植结构调整基本是市场倒逼的结果。市场供需及价格变化直接影响产、供、销及消费者等各方的利益，是种植结构调整的核心驱动力。因此，实现调整目标的关键还在于合理市场体系的建立与完善，政策性补贴如果不改变市场供需关系和价格形成机制，最终效果难如人意。

3. 作物布局优化　任何作物的生长发育都需要一定的生态条件作保证，不同地区和生产单位的自然资源、社会条件等都存在一定的差异，这就要求在进行作物布局设计时，要以当地光照、温度、降水、气候、土壤等自然资源现状为基础，充分考虑社会经济条件，力争使作物生长的环境与其要求的生态条件的吻合度达到最高。合理的作物布局，要遵循生态适应性原则，依据市场供需状况，因地制宜确定作物种类，调整不同作物的种植面积和比例，合理布局农田上的各种作物，在合理利用资源的基础上，兼顾保护资源与环境，实现农业可持续发展。

第二节　新中国成立以来我国耕作制度发展主要成就

一、耕作制度不断调整优化，多熟农作制成为特色和优势

1. 20 世纪 50 年代，新中国耕作制度发展最快的时期　此期全国种植指数上升了近 14 个百分点。这一阶段的种植制度，南方稻田推进"单改双"（单季稻改双季稻）、"间改连"（农田间作改一年内前后相连两季水稻），长江以北长城以南种植指数也提高了 5 个百分点，主要是江淮地区扩大冬种推广稻麦两熟，华北平原改二年三熟为一年二熟。在土壤耕作制度方面，重点围绕土壤团粒结构、草田轮作、杂草防治、土壤耕作等提高土壤肥力。该阶段耕作制度改革发展对恢复我国农业生产能力发挥巨大作用。

2. 20 世纪 60 年代，我国耕作制度有些进入滑坡与徘徊的时期　前期由于我国农业受政治动荡的影响农业滑坡，种植指数下降 5 个百分点，后期缓慢地回升了 3 个百分点。随着我国农田基础设施建设水平提高，耕作制度在提高复种指数和提高农田周年产量方面有明显贡献。

3. 20 世纪 70 年代，我国耕作制度开始进入调整时期　随着人地矛盾的日益尖锐和社会需求的不断高涨，大规模开展耕作改制，间作套种、复种等生产实践研究受到极大重视。1970—1978 年期间种植指数上升了 10 个百分点。南方双季稻由华南向长江流域推进，1977 年全国双季稻田面积高达 0.13 亿 hm^2，同时还推进了双季稻加冬季作物（早稻—晚稻—大麦、早稻—晚稻—油菜、早稻—晚稻—绿肥）的三熟制，1979 年双季稻三熟制面积曾经达 1.5 亿亩，占南方稻田面积的一半。华北平原由于灌溉面积大幅度增加，原有的小麦—夏玉米—春玉米两年三熟制基本上改成为小麦—玉米（或大豆、甘薯）两熟制。与此同时间套作也迅速发展，小麦/玉米、小麦/棉花套种面积剧增。

4. 20 世纪 70 年代末到 80 年代初（1978—1983 年），我国耕作制度大规模调整的时期　耕作制度又开始大规模调整，种植指数下降 5 个百分点。此时，中国农村体制发生了变革，农民获得了较多的自主权，对不适宜的多熟方式进行了调整，最集中表现为苏南地区又将双季稻改为单季稻，实行稻—麦两熟、整个南方双季稻和双季稻三熟制的面积都有所下降。该阶段的耕作制度调整一方面适应了联产承包后农民的生产需求，同时也为以后高产高效农业发展奠定了良好基础。

5. 20 世纪 80 年代后期到 90 年代中期，我国耕作制度进入第三次耕作制度调整　1984—1995 年我国种植指数上升了 11 个百分点。华北、西北等地大面积"吨粮田""双千田"开发，南方水田双季稻区冬闲田开发，单季稻区发展再生稻，西南丘陵旱地增加旱两熟与套种三熟面积，华北麦套玉米面积达 533.3 万 hm^2，麦套棉面积达 213.3 万 hm^2，占棉田一半，西北、东北一熟地区灌溉上发展小麦、玉米半间半套带田种植等。该阶段耕作制度调整对推动我国农业生产能力跨入新台阶有积极贡献。

6. 20 世纪 90 年代后期到 21 世纪初期，我国种植制度进入"压粮扩经"为主体的种植结构调整时期　我国农业生产总体上由数量增长型向"高产、优质、高效"全面转变。前期，各地围绕市场需求开展大规模以"压粮扩经"为主体的种植结构调整。由于粮食比较效益低，农村劳务经济快速发展，轻、简农业技术应用扩大，南方水田的冬闲田面积增加，单季稻面积扩大。北方地区的间作套种面积也有明显下降，国家粮食安全与农业高效、农民增收及缓解资源环境约束的矛盾越来越突出。后期，国家开展的粮食丰产科技行动和高产创建活动为支撑我国粮食 12 连增奠定了基础。

7. 现阶段（2014 年—至今），我国种植制度进入绿色高效发展时期　党的十八大首次将生态文明建设提升为国家战略，国家明确提出了供给侧结构改革和农业绿色发展。该阶段耕作制度发展重点围绕区域种植结构调整、轮作休耕及种养结合等生态高效种植模式构建、地力保育及减肥、减药等目标，将资源高效、环境安全与高产高效并重，将生产、生态、生活服务功能一体化开发，构建综合集成及配套的生产模式与技术体系。努力解决种植结构单一、地力消耗过大、化学投入品过多、生产成本过高问题，促进用养结合、资源节约、环境友好。

二、区域特色耕作制度逐步形成，农机农艺融合和绿色发展不断推进

1. 南方双季稻三熟区稻田多熟高效农作制模式与配套技术逐步成熟　从稳定南方双季稻种植和开发利用南方冬闲田出发，形成的"早晚双季超级稻—冬季作物"新型三熟制高产高效关键技术与配套技术体系，有效集成保护性耕作技术、土壤养分优化管理技术、轻型栽培耕作技术、机械化作业技术等，将冬闲田开发利用与高效经济作物生产及农产品加工紧密结合，建立粮、经、饲作物协调和产业多功能新型稻田农作制模式，研究探索趋利避害、防灾减灾的品种优化、种植模式和作物布局调整途径。

2. 长江中下游麦—稻两熟区高产高效及环保农作制模式与配套技术进展很快　针对长江下游麦稻两熟区农田集约化、专业化、规模化及环境污染严重等突出问题，水稻—小麦全程机械化模式及周年高产技术、水稻—油菜和水稻—蔬菜高产优质及机械化生产技术、集约农田污染控制种植模式及关键技术等，有效集成少免耕秸秆全量还田技术、全程机械化作业技术、土壤养分优化管理技术、面源污染控制技术等，建立长江下游经济发达区高产、高效、可持续发展的新型农作制模式与配套技术以及应对农业灾害的种植制度优化途径。

3. 黄淮海平原建立麦—玉两熟区节本高效农作制模式及配套技术　针对黄淮海平原小麦—玉米两熟周年高产与水、肥资源高效利用需求，有效集成品种优化搭配、一体化水肥高效运筹、全程机械化栽培管理及秸秆还田保护性耕作等，建立小麦、玉米一体化高产高效机械化生产模式与配套技术。在沿海地区开展出口创汇型菜田新型农作制模式研究与示范，开发"菜—粮—菜"夏闲田利用模式与配套技术。积极探索干旱、冷害、高温灾害的农作制适应策略与应对措施。

4. 东北平原地力培育与持续高产农作制模式及配套技术发展较快　从农田耕层建设与地力保育出发，针对黑土有机质下降、耕层土壤变薄、春季干旱保苗困难等问题，重点突破地力保育型农作制模式与关键技术，有效集成秸秆高留茬还田、作物轮作、机械化保护性耕作等技术，在东北平原黑龙江垦区、中部黑土区、西部生态脆弱区分别建立地力培育持续增产的农作制模式及配套技术体系。研究探索建立全球气候变化背景下东北农作物生产系统调整优化的技术途径。

5. 西北地区着力构建水土资源高效利用农作制模式及配套技术 西北旱作农区重点突破抗旱减灾种植模式与降水资源高效利用技术，显著提高旱地水分利用效率和作物高产稳产能力。西北绿洲灌区重点研究示范光热资源高效利用与节水高效的多熟种植模式及关键技术，探索建立与绿洲灌区气候条件和水土资源相吻合的新型生态保护型农作制模式，提高绿洲水、土资源利用的可持续性。

6. 西南丘陵避旱减灾多熟农作制模式及配套技术体系已具雏形 针对西南地区季节性干旱严重、水土侵蚀严重、机械化程度低等问题，重点研究示范丘陵旱地抗旱减灾、水土保持、高产高效多熟农作制模式及关键技术，有效集成作物时空配置技术、适水种植技术、周年养分优化管理技术、保护性耕作技术、轻简型机械栽培技术等，为西南季节性干旱区农田稳产、高产、增效提供技术支撑。

7. 华南地区粮菜轮作的多熟高效农作制模式及配套技术 针对华南地区外向型农业发达，以及传统双季稻区冬春闲田多和长期蔬菜产区夏闲田多等问题，重点研究示范粮—菜轮作、粮食—香蕉轮作及冬闲田高效利用的多熟农作制模式及关键技术，有效集成品种优化搭配、水旱轮作、低耗节肥、污染控制等技术，促进粮食安全与经济高效协调、用地养地结合的新型农作制发展。

三、保护性耕作技术得到长足发展，开始成为我国新型土壤耕作模式

1. 保护性耕作（conservation tillage）具有保水、保土、培肥地力等效应，在世界范围内得到广泛的应用和推广 全球范围内保护性耕作技术经过80多年的发展，尤其是近30年的发展，其研究已经相当深入，在保护性耕作技术模式、保护性耕作的生态效应及保护性耕作发展政策上开展了系统的研究，并得到了世界许多国家的认可。我国20世纪70年代由北京农业大学（现中国农业大学）等科研机构在国内率先系统地开展少、免耕等保护性耕作的研究，中国耕作制度研究会于1991年在北京组织并召开了全国首次少、免耕与覆盖技术会议，对于少、免耕等保护性耕作的研究与推广起到了积极的推动作用。20世纪90年代由我国农机部门开展了保护性耕作农机的研究，对保护性耕作的研究和推广发挥了较重要的作用。"十五"以来在科技部、农业部等相关部门支持下，我国的东北平原、华北平原、农牧交错风沙区、长江流域均开展了相关研究，取得了显著的经济效益、生态效益和社会效益。

2. 保护性耕作技术概念与内涵在发展中得到拓展 国内外对保护性耕作的概念有着不同的认识和提法，我国保护性耕作研究与应用起步相对较晚。由于我国气候、土壤及种植制度多样等原因，在概念理解和技术模式上与国外有很大差异。随着近40年来研究与实践的不断深入，中国特色的保护性耕作概

念也逐步清晰。一方面，人们认为保护性耕作是有利于保土、保水、节能并维持改善土地生产力的不同耕种措施的组合，突出少免耕、秸秆还田和地力保育。另一方面，必须因地制宜建立适宜多熟种植和作物高产的保护性耕作体系，尤其是配套的农机具与水分、养分优化管理技术。这一概念丰富了保护性耕作的概念和内涵，对我国进一步开展保护性耕作研究和推广具有重要的指导作用。

3. 形成了适合我国区域气候资源与种植制度的保护性耕作技术及模式我国主要粮食产区总体保护性耕作制类型以少耕为主，免耕、秸秆覆盖等其他方式相结合，构建了适宜不同区域保护性耕作制度。在我国的东北平原、华北平原、农牧交错风沙区、南方长江流域均开展了保护性耕作技术攻关和示范推广，取得了保护性耕作的土壤耕作、农田覆盖、稳产丰产、固碳减排等关键的技术和原理研究方面的重要进展，已经建立了与不同区域气候、土壤及种植制度特点相适应的新型保护性耕作技术体系，为大面积应用保护性耕作技术提供了示范样板和技术支撑，取得了显著的经济效益、生态效益和社会效益。

4. 我国保护性耕作机理研究不断深化　在研究适宜我国保护性耕作技术模式的同时，结合国内外的热点，我国保护性耕作的研究内容不断拓宽，其生态环境效应及其相应的机理研究越来越深入。各区域保护性耕作在土壤的固碳减排、水热效应、地力培育、作物生长与产量效应及机理等方面进行了深入系统研究，并取得了一定的进展。研究表明秸秆还田能够增加土壤有机碳，具有"碳汇"效应，实施少、免耕等保护性耕作措施，能够减少 CO_2 等温室气体排放，为构建"节能减排"的保护性耕作技术提供理论依据。

5. 我国保护性耕作技术更加注重技术的集成和综合应用　一方面，由以研制少、免耕机具为主向农艺农机结合并突出农艺措施的方向发展，目前的保护性耕作技术在发展农机具的基础上重点开展裸露农田覆盖技术、施肥技术、茬口与轮作、品种选择与组合等农艺农机相结合综合技术。另一方面，由单纯的土壤耕作技术向综合性可持续技术方向发展，由单一作物、土壤耕作技术研究逐步向轮作、轮耕体系发展，由单纯的技术研究逐步转向保护性耕作的长期效应及其对温室效应的影响、生物多样性等理论研究，为保护性耕作的长期推广提供理论支撑。此外，随着全球气候变化越来越受到关注，保护性耕作也成为重要的固碳减排技术，人们对保护性耕作固碳减排及缓解温室效应研究不断深入。

第三节　新阶段耕作制度发展挑战与任务

当前我国农业发展进入转型发展阶段，适应气候变化和技术进步双重影响及资源环境保护要求，是新阶段耕作制度改革发展的迫切需求。

一、适应气候变化和技术进步双重影响的耕作制度理论与技术创新

1. 气候变化导致光、温、水、土等资源要素发生变化及极端气候事件频发，减灾避灾农作制需求迫切 中国年平均地表气温明显增加，近 100 年升温幅度为 0.5～0.8 ℃。近 50 年变暖尤其明显，主要发生在 20 世纪 80 年代中后期，近 30 年增温速率为 0.22 ℃/10 年，明显高于全球或北半球同期平均增温速率。北方和青藏高原增温比其他地区显著。我国年降水量变化趋势不显著，但年际波动较大，近 47 年（1956—2002 年）全国平均年降水量呈现增加趋势，长江中下游和东南地区年降水量平均增加了 60～130 mm，西部大部分地区的年降水量也有比较明显的增加，东北北部和内蒙古大部分地区的年降水量有一定程度的增加，但华北、西北东部、东北南部等地区年降水量出现下降趋势。近 50 年中国日照时数呈显著减少趋势，从 1956 年到 2000 年减少了 5%（130 h）左右，日照时间减少最明显的地区是我国东部，特别是华北和华东地区。中国极端天气气候事件的发生频率和强度出现了明显的变化，全国平均的炎热日数近 20 年上升较明显，华北和东北地区干旱趋势严重，长江中下游流域和东南地区洪涝也加重。近 50 年来，我国每年气象灾害受灾面积近 0.33 亿 hm²，对农业生产稳定性影响很大，减灾避灾问题突出，迫切需要构建气候智慧型农作制。

2. 新品种类型更加丰富、适应性更加广泛、播收管理方式不断更新，熟制与种植模式、作物布局变化速度进一步加速 我国主要农作物品种平均 6～8 年就完成一次更新换代，新品种不仅高产、抗病、优质等性能显著提升，而且在生育期方面的差异性、丰富度也明显增强，直接影响到作物种植制度的茬口衔接、品种组合等不断更新变化。通过增加种植密度，充分挖掘群体生产潜力是作物单产不断提高的重要途径。20 世纪 80 年代以来，大批适应密植的高产、稳产、抗逆性强的作物品种在生产中推广应用，栽培科研工作者依据地域的气候生态条件、品种特征、土壤条件、耕作栽培管理水平因地制宜的研究确定合理种植密度。随着棉花品种的不断改良，种植密度不断增大，新疆棉区"密、矮、早"的种植技术体系，对确保棉花早发早熟和增产稳产有重要作用。高密度种植方式导致个体越来越小、群体越来越大，作物群体的生理生态特征及栽培技术发展明显变化。传统育苗移栽技术曾经作为一种集约高产栽培方式被普遍使用，但随着轻简化、机械化技术普遍应用，水稻、油菜等机械直播方式开始越来越多，对我国南方地区的熟制、种植模式等影响深刻。此外，机械化收获技术正在普及应用，尤其玉米籽粒收获对品种生育期、热量资源的要求发生深刻变化，将影响到作物适宜性指标变化及适宜种植区调整问题。这些技术和生产方式变化会强力推动我国作物种植的熟制、模式、布局优化布局，也

影响到我国主要农产品生产能力和耕作制度变化。

二、资源条件制约和生态保护背景下耕作制度调整需求加快

1. 区域资源承载能力及生态环境保护要求对作物布局与种植制度影响巨大，需要进一步加大作物结构、布局及模式调整优化力度　随着工业化、城镇化加快推进，耕地数量减少、质量下降的问题并存，农业水、土等资源约束日益严重，农业面源污染不断加剧。必然要求改变高投入、高消耗、资源过度开发的粗放型发展方式，依靠科技进步推动种养循环、生态保育和修复治理，有效防控农业面源污染，有力支撑退牧还草、退耕还林还草、生物多样性保护和流域治理，推动建立起农业生产力与资源环境承载力相匹配的农业生产新格局，破解我国农业农村资源环境等方面突出问题。

2. 在资源严重短缺和生态环境脆弱地区的耕作制度调整任务更加艰巨，迫切需要在种植结构、作物布局、地力培育等方面取得突破　在严重缺水地区和地下水超采地区需要调减高耗水作物种植规模、减少熟制，发展适水型和节水型耕作制度。土壤污染严重地区需要在修复治理的同时，积极调整作物种植结构和采取作物轮作，引进重金属低积累作物品种以控制农田有毒有害污染物积累。在地力退化严重地区需要构建地力保育型耕作制度，一方面通过种植结构调整和优化作物种植模式，消除土壤连作障碍和减少地力消耗与破坏；另一方面需要通过优化土壤耕作与有机肥增施、绿肥作物生产等，合理构建耕层并发展地力培育技术、水旱轮作技术、作物秸秆还田技术、农牧结合技术。

三、农业绿色发展背景下要求构建和完善多功能耕作制度

1. 深度开发农业系统的生态服务功能，是我国农业绿色发展最突出和最艰巨的任务，也是新型耕作制度发展趋势　绿色发展是按照人与自然和谐相处的理念，以效率、和谐、可持续为目标的经济增长和社会发展方式，已经成为当今世界发展趋势。我国农业绿色发展具有特殊性，不仅仅是单纯的绿色生产问题，也与结构调整、城乡融合、乡村振兴、农民富裕紧密联结在一起。绿色发展要求突出绿色生态导向，与传统农业发展模式差异很大，涉及政策调整、制度优化、技术创新、市场引导等，核心是将生产、生态、生活服务功能一体化开发。农业生产不仅提供人类生存必需的各种原料或产品，而且具有调节气候、净化污染、涵养水源、保持水土、景观服务、文化休闲等生态服务功能。国际农业相关比较研究表明，当人均GDP高于10 000美元之后，农业生产的直接经济贡献会变得很低，农业生产功能之外的生态、生活功能开发将变得更加重要。

2. 构建具有强大农田生态功能的新型耕作制度　首先是农田系统内部的生态功能强化，实现农业生产过程的固碳减排和耕地质量提升，保持土壤健

康。在技术措施上包括化肥、农药、灌溉等投入要素的减量使用，推广应用高效配方施肥、有机养分替代化肥、高效快速安全堆肥、新型肥料施肥、作物有害生物高效、低风险绿色防控技术，实行秸秆还田和农业废弃物循环利用，有效控制农业面源污染。其次是农田外部的生态功能强化，包括农田边界的生态走廊、缓冲带、拦截带和生物多样性改善等。从耕作制度角度，重点构建生态高效的作物种植模式，如轮作休耕、间混套作、种养结合，促进用地养地结合、资源节约、环境友好以及生态高效的土壤耕作模式，如保护性耕作、土壤耕层改良、生物多样性保护、土壤健康调控等。

3. 构建具有农田景观功能的新型耕作制度 提升农田生态景观服务功能，有效解决农田、农村脏乱差和田园景观质量差的问题。通过农田生态景观建设，有效控制面源、控制害虫和洪涝灾害、涵养水土及保护生物多样性，并有效挖掘农业文化、休闲旅游功能。近年来，国家和地方在拓展农业功能，推进农业与旅游、教育、文化、健康养老等产业深度融合，农业观光休闲、文化旅游功能开发方面给予高度重视和政策支持，各类农业园区、田园综合体等发展迅速。但是，针对生物多样性与农业自然生态保护、农业生产的生态格局构建、污染控制与气候变化应对等生态功能开发的重视程度和支持力度还远远不够。

第二章

我国耕作制度分区

第一节　分区原则及方法

一、区划必要性

农业生产的分布是根据自然的地带性和非地带性规律以及社会、经济环境而决定的。自然地理分异规律、经济地理分异规律和生物与环境统一性规律，决定了农业生产地域分异规律。在多样的自然环境和人为环境条件下，必须按不同地域的特点制定耕作制及其相应的政策、对策、技术等，因地制宜、趋利避害，分类运作。

1. 自然地理分异　与世界其他农业大国相比，我国在地貌、气候、土壤、植被等方面的纬度、经度和垂直地带差异巨大。主要表现在以下三个方面：一是地势上分为三个阶梯，其中第三阶梯（海拔 500 m 以下的低山丘陵区和海拔 200 m 以下的平原区）是中国农业的精华所在；二是气候上的三大分区，即东部季风区、西部内陆干旱区和青藏高原区；三是植被上的三大主要类型，即东部湿润、半湿润地区的森林地带、东西过渡半干旱地区的草原地带及西部内陆干旱荒漠与高寒草地带。由此可见，如此复杂的自然条件必然会造成农业上的多样化与显著的地域性。

2. 经济地理分异　我国农村社会经济水平由东向西逐渐降低，主要表现在农村经济水平、二三产业比重、农民收入、农业投入水平、农民素质及技术推广等方面。此外，由于城乡距离、交通状况、信息水平和民族习惯差异等因素又加剧了不同区域农村社会经济状况的复杂性。

3. 农业生产地域分异　以年降水量 500 mm 为界限，东西差异大。东部农区约占全国面积的 45%，人口占全国总人口的 90% 以上，全国 90% 以上的耕地分布在这里。该区域土壤肥沃、灌溉发达、物产丰富，是我国主要的粮食生产区。一方面，我国主要农区南北差异大，由北向南，积温及降水条件都呈递增趋势，由最北的寒温带走向中温带、暖温带、亚热带及热带。作物熟制也由一熟逐渐走向二熟、三熟。另一方面，水土资源南北错位也是我国农业典型特征。北方地多水少，水资源总量占全国的 19%，而耕地面积占全国的 64%，南方则反之。由此可见，中国农业的生产地域性特点十分突出，耕作制度差异较大。

4. 农业可持续发展要求　随着农业的发展出现许多不平衡的问题，例如：自然环境与农业生产的矛盾、生产与市场的矛盾、不同地域间的矛盾、农林牧比例的矛盾、粮棉油果菜间的矛盾、资源利用与保护的矛盾、经济效益与生态效益的矛盾等，这些矛盾必须要在一个区域耕作制度的统筹范围内加以解决。

5. 气候变化与技术进步　农业作为受气候影响最为严重的领域之一，近几十年全球气候变暖背景下我国农业种植条件逐渐发生变化，熟制界限北移西扩，作物生长适宜区逐渐扩张。与此同时，随着农业机械化的普及和生产技术进步，我国的局部耕作制度也在发生变化，例如南方稻作区，直播稻推广、双季稻改单季稻等成为近些年主要发展趋势。因此，传统耕作制度区划无法适应当前生产条件，亟须更新。

综上所述，无论是我国农业发展的客观需要，还是为了应对气候变化对我国农业生产的影响，都要求在前人工作基础上，进一步更新符合当前气候变化背景及技术进步条件下的耕作制度区划。

二、指导思想与原则

1. 以耕作制度为主体　要将有关耕作制度的含义、组成、特性、类型体现在耕作制度区划的内容中，研究耕作制度及其亚系统的关系，强调环境与生物结合、自然环境与人工环境结合、农林牧结合、生产过程与产后升级单元的结合，重点突出种植制度（作物布局、复种、间套混作及轮作）与土壤管理制度（土壤耕作、施肥灌溉、病虫害防治及杂草防治）特征。

2. 以中国农业实际为基本点　要求从中国人多地少、经济尚欠发达的国情出发，突出中国耕作制度特征。中国农业特色主要在于人多耕地少而分散、农户规模小、土地生产率高而劳动生产率低、农村经济不发达等。因此，中国的耕作制度要强调在可持续基础上的集约化，强调耕作制度运行目的在于生产、经济与生态三者结合，不能一味模仿西方发达国家生态农业、自然农业道路。在耕作方式上要强调高产、高效、优质；在生产与经济的关系上要强调保护自然生态、改善人工环境，促使环境与农事生产及产后环节协调发展。总体而言，新一轮耕作制度区划要促使传统农业向农业产业化、现代化、可持续化的方向发展。

3. 继承与创新相结合　本区划应充分吸收前人研究成果以及近 30 年来农业生产实践与农业科研领域的新成果，充分考虑当前气候变化及技术进步背景下，扩大我国耕作制度视野与层次，研制符合当前生产实际的中国新一轮耕作制度区划。

4. 遵守分类同一性原则　在进行耕作制度分区时，要将一些相似的指标聚集在一起，包括自然条件相对一致性、社会经济生产条件一致性、耕作制度内容一致性、亚系统内容一致性等。

5. 强调实用性原则　区划的目的在于应用，耕作制度区划的目的是为了提高全国各地区耕作制的功能和效率，促进农业与农村经济的发展。因此区划结果既要简单明确，又要反映出我国耕作制度的巨大复杂性。

三、区划总体路线

我国幅员辽阔，地域差异性极大，故按同一指标逐级分区难以反映区间作物种植与耕作制度差异，故指标体系采取了分级分类的办法。总体路线主要包括以下 3 个方面：

1. 以数据库支持区划研究　通过对各类指标的数值提取（气象数据插值、地形轮廓获取等）及数据整合（不同量纲、不同来源、不同格式的数据进行标准化处理），建立基于地理信息系统的相关区划指标 1 km 尺度网格数据库，以此支持区划研究。

2. 以专家集成定性为框架，定量分析为补充　专家集成定性主要包括：指标体系建立、主导因素分析、高级区划框架；定量分析包括：二级指标值的提取、局部聚类分析等。

3. 定量化分析聚类，定性化边界确定　基于区划指标定量化分析结果，反馈专家层级，综合考量区划合理性及实用性，最终确定区划边界。

四、区划指标体系

考虑到区划的实用性以及先进性，在指标体系中，既要考虑自然、社会经济资源等形成耕作制度的条件，又要考虑耕作制度本身特点，本研究将优先考虑前者，因为耕作制度区划的最终目的是为了提高各地区耕作制度的效率，是各地的耕作制度能够在可持续发展的前提下，更有效地利用当地的自然与社会经济资源。同时，本研究采用"同级不同指标，异级同指标"原则，主要依据热量条件，首先进行零级区划分，即熟制带；其次，综合考虑气候资源特征及传统地理边界认知，进行一级区划分；最后，考虑地区社会经济生产条件、种植制度及地形地势差异等因素，进行二级区划分。同级之间分区划分，可能参考不同指标因素。基于定性分区的必要性和定量分析的可行性两方面考虑，本研究主要选择以下具体指标（表 2-1）：

1. 热量指标　主要包括大于 0 ℃积温、大于 10 ℃积温、极端气温等。

表 2-1 耕作制度区划指标数据库

分类	数据层	描述	来源
农业气候特征	>0 ℃积温数据	全国 1 km 分辨率栅格数据	中国气象科学数据共享服务网
	平均降雨数据	全国 1 km 分辨率栅格数据	中国气象科学数据共享服务网
耕作制度特征	分县作物种植数据	主要大田作物播种面积与产量数据	国家统计年鉴
	分县土地利用数据	全国 1 km 分辨率栅格数据	国家统计年鉴
	农业总产值数据	全国农林牧副渔产值分配数据	国家统计年鉴
自然地理特征	DEM 数据	全国 1 km 分辨率栅格数据	CGIAR 空间信息联盟
	典型地貌边界数据	黄土高原、青藏高原等典型地貌轮廓	中国科学院资源环境科学数据中心
	行政区划边界数据	全国省、市、县行政区划	中国科学院资源环境科学数据中心
社会经济特征	人口数据	2015 年分县总人口及农业人口数据	国家统计年鉴
	收入数据	2015 年农村居民人均净收入数据	国家统计年鉴

2. 水分指标 主要包括降水量、干燥指数等。

3. 地形地貌指标 在全国尺度上，主要包括海拔、地形（如四川盆地、太行山脉、长城沿线等）、平均坡度等。

4. 耕作制度内容 主要包括熟制、种植制度、土壤管理制度（耕作方式、灌溉条件、施肥条件、病虫草害条件）等。

5. 自然灾害指标 主要包括灾害类型（地质灾害、气象灾害）、灾害程度等。本研究主要利用现有的灾害分区与耕作制度分区进行融合。

6. 水系、植被界限、行政边界指标 该指标虽然不是真正的影响因子，例如秦岭淮河等，但该类指标符合人们认知，且有明确的地理意义，在区划实际应用过程中十分方便，因此在区划研究中常被采用。本研究在区划命名时主要参考区域主要地理指标及行政边界，例如黄土高原、四川盆地等，目的是为了方便人们理解与实际应用。

其中，熟制带划分：按照主要作物生长发育所需积温及热量条件，将全国划为 3 个熟带：一熟带（>0 ℃积温小于 4 400 ℃）；二熟带（>0 ℃积温大于 4 400～4 700 ℃）；三熟带（>0 ℃积温 6 000～6 200 ℃及以上）。一级区（大区）划分：在考虑熟制与作物类型情况下，综合考虑自然地理与行政区位、地貌、水旱作条件、主要作物类型等因素，将全国划为 11 个耕作制度一级区。
二级区（亚区）划分：在每个一级区内综合考虑地貌、作物生产条件、社会经
济条件等因素的差异性，将全国划为 41 个耕作制度二级区。

本区划引用的数据资料大多数来源于国家或农业部门官方公布数据，全国
气象数据库以近 60 年全国 800 多个气象站点资料插值而成，全国县级统计数
据库以 2015 年数字资料为主，个别数据缺失用 2010 年数据替代。由于现行统
计数字的不确定性，大大增加了研究工作的难度，尽管笔者团队做了大量的数
据修订工作，但一些数字仍然不够准确，只供宏观尺度参考。

五、区划命名

耕作制度一级区命名重点体现出地理位置、地貌、作物特点或水旱作条
件、熟制类型等，如"东北平原丘陵半湿润喜温作物一熟区""四川盆地水田
旱地二熟区"；耕作制度二级区命名重点体现所在一级区内的地理位置、地形
地貌及农林牧产业特征的相对差异性。

第二节　耕作制度分区调整依据

一、农业生产与社会经济指标更新

近 30 年来，一方面随着我国城市化发展及农业栽培技术进步，传统农业
生产及社会经济指标发生显著变化。另一方面，随着网络信息时代的到来，农
业物联网、大数据、农业专家系统、遥感监测、农产品电子商务等现代信息技
术在农业生产、管理、服务中应用广泛，如何将农业遥感技术、GIS 技术及数
据库技术应用于耕作制度研究领域，也是迫切需要解决的问题。

长期以来我国政府在农业、气象、国土、财政等方面开展了大量工作，积
累了大量的农业历史数据且在持续更新中，但由于这些数据分散在各个部门，
数据的共享性、时效性较差。因此，本研究针对现代农业发展过程中基础数据
分散、利用率低等问题，结合作物生产与资源协调性发展的现实需要，依托国
家重点研发计划"粮食作物丰产增效配置机理与种植模式优化"，系统收集、
清洗及加工了作物生产、气象、土壤、农资投入、土地利用等数据，构建了作
物生产与资源要素空间数据库，为我国耕作制度区划指标更新及新一轮区划方
案确定提供数据支撑。具体更新指标主要包括以下几个方面：

1. 农业生产数据　农业生产数据包括省、市、县三级统计数据，其中省
级统计数据包括 2000—2019 年，主要来源于各省统计年鉴。县级农业统计数
据汇集了全国 1985 年、1990 年、1995 年、2000 年、2005 年、2010 年和 2015
年所有县域，包含第一产业增加产值、耕地面积、农业机械总动力、有效灌溉

面积、化肥施用量、农村用电量、农药使用量、地膜使用量、农作物总播种面积、粮食播种面积、水稻面积、小麦面积、玉米面积、粮食总产量、夏粮总产量、水稻产量、小麦产量、玉米产量、棉花产量、蔬菜产量等 100 余项指标，数据集为全国所有县域填报的统计数据，并经过数据清洗、校正等工作。

2. 气候资源数据 数据由国家气象局气象监测站点采集而来，为气象资源元数据。数据空间尺度为全国所有气象站点，时间尺度为 1961—2019 年。数据汇集了中国 699 个基准气象站、基本气象站气压、气温、降水量、蒸发量、相对湿度、风向风速、日照时数和 0 cm 地温要素的日值数据，并对元数据经过数据清洗。

3. 土地利用数据 包括 1990 年、1995 年、2000 年、2005 年、2010 年、2015 年 6 个年份数据，为 1 km 栅格的中国土地利用现状遥感监测数据，土地利用类型分为耕地、林地、草地、水域、居民地和未利用土地 6 个一级类型，以及 25 个二级类型，其中 2015 年土地利用数据为 30 m 精度栅格数据。

4. 作物品性参数数据 主要指农业气象站点作物生育期数据和作物新品种区域试验数据，作物生育期数据主要包括播种期、出苗期、三叶期、拔节期、七叶期、孕穗期、抽穗期、开花期、乳熟期、成熟期等，数据来源于国家气象局农业气象监测站点。

5. 其他数据 主要包括行政单元边界底图、土壤、地形地貌、高程等。其中行政边界数据包括县级、市级、省级的行政边界。土壤数据包括土壤制定空间分布数据、土壤侵蚀空间分布数据、土壤类型空间分布数据。地形地貌包括 DEM、地形地貌空间分布数据 1∶100 万，高程为 90 m 高程数据。社会经济数据包括中国 GDP 空间分布公里网格数据（1995 年、2000 年、2005 年和 2010 年）、中国人口空间分布公里网格数据（1995 年、2000 年、2005 年和 2010 年）。中国自然地理分区数据主要包括中国九大流域、中国九大农业区划、中国生态功能保护区、中国农业熟制区划、中国农业自然区划等。

二、熟制带调整

多熟种植在中国具有悠久的历史，该模式不仅有效地利用了中国有限的土地气候资源，更在一定程度上为我国粮食安全战略做出贡献。然而，随着全球变暖、品种更替及农艺管理技术改良对农业生产带来的影响，我国熟制界限也逐渐发生变化，了解近 30 年我国熟制界限的变化以及实际生产中农民是否适应这种变化，对于我国农业种植结构调整及粮食安全战略有着重要意义。

（一）熟制界限指标更新

传统熟制界限生育期积温指标主要采用刘巽浩先生于 20 世纪 80 年代提出

的划分标准，即大于 4 000 ℃为二熟区，大于 5 900 ℃为三熟区。本书利用
2010—2012 年全国物候观测站点数据集中作物品种参数指标，依据标准耕作
制度定义，重新计算了满足多熟种植条件所需要的作物累积积温，并与 30 年
前指标进行对比。研究发现在气候变化背景下，随着育种研究不断突破及农业
栽培技术不断进步，近 30 年长生育期品种在我国得到了大规模推广应用，而
满足多熟种植所需的作物生育期累积积温也在不断增加。当前品种条件下满足
二熟制生产所需作物生育期积温达到 4 400 ℃，比传统指标提高了近 400 ℃，
满足三熟制生产所需作物生育期积温达到 6 000 ℃，比传统指标提高了 100 ℃。
因此，笔者对我国熟制界限指标进行更正如表 2 - 2。

表 2 - 2　近 30 年我国多熟种植界限指标变化情况（℃）

时期	种植制度		
	一熟制	二熟制	三熟制
1961—1980 年	<4 000	4 000～4 200	5 900～6 100
1981—2016 年	<4 400	4 400～4 700	6 000～6 200

随着全球变暖，农业技术进步在应对全球气候变化中发挥着重要作用。通
常而言，多熟种植不仅仅受气候变化影响，同时也受到作物品种变更、农田管
理措施改良及政策引导等诸多因素影响。显然，全球气候变暖改变了作物潜在
生育期，使得传统作物播种、成熟及收获时间有所提前，尤其是在中高纬度地
区。此外，气候变化所带来的暖冬趋势，也有利于冬季作物品种生育期的延
长，从而获得更高的田间产量。近 30 年随着育种学的不断发展，越来越多长
生育期作物品种被推广应用，以寻求更高的产量潜力。这一变化极大地改变了
作物生育期所需积温，进而使我国熟制划分界限指标产生变化。事实上，全球
变暖增加了作物生育期逐日平均气温，与此同时，品种更替以及农艺措施改良
使得作物生育期延长，也加速了这一增加趋势。长生育期品种可以充分利用光
热资源，有效的农田管理可以大幅缩短农闲时间，从而使得资源利用效率有所
提升。基于当前品种变化及农田管理措施所更新的我国多熟种植指标体系，将
更适用于评价当前我国多熟种植分布情况，对我国未来农业发展具有重要指导
意义。

（二）熟制北界调整

本书利用更新后的熟制界限指标，结合当前全国积温条件，利用 Anusp-
lin 空间插值法提取当前我国多熟种植北界，并与 20 世纪 80 年代熟制界限进
行对比。整体来看，我国一熟二熟交界处具有明显的海拔差异特征，主要从燕
山太行山山脉向西南至青藏高原边界；二熟三熟交界主要位于长江中下游平原
及西南云贵高原地区（附图）。近 30 年我国二熟种植北界整体呈现南移趋势，

尤其集中于河北省、山西省及甘肃省，空间测距较 20 世纪 80 年代分别南移了约 30 km、20 km 和 30 km。四川省二熟种植界限主要呈现东移趋势，近 30 年移动了约 50 km。相反，近 30 年我国三熟种植北界整体呈北移趋势，主要集中在安徽省、浙江省、湖北省及云南省，分别移动了约 50 km、90 km、60 km 和 30 km。由此可见，在气候变化与技术进步背景下，我国总体熟制带没有呈现完全北移西扩趋势，一熟种植区反而有所增加，这与作物品种生育期延长有密不可分的关系。

本书还利用 2015 年全国耕地遥感监测（1 km）数据集中全国种植制度空间分布研究结果，对本研究界限变化进行验证。遥感监测结果显示，2015 年我国多熟种植区主要分布在二熟区北界以南地区，与本研究研究结果基本吻合，说明本研究二熟区种植北界基本符合实际生产情况。同时，考虑到遥感监测三熟种植的难度，本研究利用统计数据中双季稻种植区域代表实际三熟分布区域。研究发现我国双季稻种植主要分布在三熟区北界以南地区，与本研究三熟区种植北界具有较高的吻合度。总的来看，通过对我国当前实际种植情况调查，验证了本研究之前熟制界限结果的准确性。

综上研究发现，近 30 年我国二熟制北界呈现南移趋势，三熟制北界呈北移趋势。这与之前相关学者研究结果不同，一方面主要是因为本研究基于作物品种更替现状对传统熟制划分指标进行更新。前人研究单从气象角度来分析熟制变化趋势，并未考虑到品种的变更所引起的作物生长累积积温的增加。另一方面，本研究考虑到地形对于等温线绘制的影响，选用基于海拔高程的 Anusplin 空间插值方法，该方法相较于传统基于空间平面几何距离的反距离权重（IDW）和克里金（Kring）插值方法，可以更好地将地形地貌对温度的影响考虑进来，在我国熟制界限空间变化研究中具有更好的效果。另一方面，虽然二熟制作物生长累积积温近 30 年增加了近 400 ℃，但二熟北界并没有太大变化，而三熟制作物生长累积积温增加了 100 ℃，但三熟北界北移却较为明显。这主要是因为二熟制北界主要位于我国中北部太行山脉及山前平原区，海拔的差异减缓了温度变化的影响，从而导致熟制界限并没有显著的变化，而三熟制北界主要位于我国南部平原地区，空间插值对于温度的变化较为敏感，因而变化较为显著。本研究基于新指标体系建立的我国多熟种植界限，与实际遥感验证结果匹配良好，说明该结果符合当前生产实际，对于未来我国农业结构调整提供重要参数。

三、典型区域调整

此次耕作制度区划是在先前《中国农作制》的基础上进行更新调整，原区划在大区划分上主要依据的是作物种植结构及熟制的一致性，但近年来各地区种植结构发生很大变化，单纯用种植模式来进行耕作制度分区稳定性较差。另一方面，原区划与农业综合区划、经济地理区划在大区划分上有明显差异，在制定国家相关农业规划过程中不容易被接受。因此，此次区划综合考虑当前我国现代农业发展趋势，融合自然地理区划相关指标参数，突出区域典型耕作制度特征，旨在为后续相关政策法规实施及农业可持续发展提供支撑。具体调整区域如下：

（一）黄土高原农作区

黄土高原农作区，是一个大部分为黄土覆盖的丘陵和高原、以旱杂粮生产为主且产量不稳不高的地区。该区极端脆弱的自然生态环境与极度贫乏的水资源使得我国西北自然生态环境面临着由"结构性破坏"趋于"功能性紊乱演变"的发展形势。具体体现在水土流失问题没有实质性改变、土地沙漠化依然严重、局部趋于土壤盐渍化程度加剧、林地与草地破坏、生态系统自我调节能力减弱、水资源开发利用不合理等方面。传统区划主要从地形地貌和气候条件角度出发，将其与内蒙古农牧区一同列入"北部中低高原半干旱温凉一熟农区兼牧区"，然而该区农业种植结构及生态环境问题与内蒙古长城沿线农牧区存在较大出入，在当前我国现代农业转型发展背景下，绿色农业、可持续农业要求不断提高，考虑到该区典型的农业生态特征及战略地位，故此次区划将其单独列为一级区，重点突出当地旱作农业生产模式及生态环境问题，旨在为未来该地区农业绿色发展政策实施提供依据。

（二）甘新绿洲农作区

我国西北内陆干旱绿洲区普遍少雨、光热丰富、耕地质量良好，属温带、暖温带干旱气候，区内灌溉耕地大多相对集中，地势平坦且质量尚好，具有形成高产、优质农产品的独特自然条件和发展特色农作制的优势。该区域在长期发展中，目前已形成棉花、加工番茄、制种玉米、酿造葡萄等主导作物带动的规模化高效农作制模式，以设施蔬菜、花卉、食用菌等特色作物带动的高效节水型设施农作制模式，以果棉间作、粮粮间作和粮豆间作为主体带动的多熟农作制模式，这些模式共同形成了绿洲农作制的主题，反映了绿洲农作制的现状和未来发展趋向。传统区划将我国西北地区统一列为"西北干旱中温绿洲一熟区与荒漠化牧区"，为了更好地突出甘新地区独具特色的绿洲农业发展模式，此次区划重点将两疆盆地及河西走廊地区单独列为"甘新绿洲一熟农作区"，从而方便相关人员理解及应用。

（三）内蒙古长城沿线农作区

该区处于由东部平原向内蒙古高原、由半湿润地区向半干旱、干旱地区过渡的地带，农牧兼营，在全国牧业生产中占有重要地位。传统区划将该区划入

"北部中低高原半干旱温凉—熟农区兼牧区"，覆盖黄土高原地区及内蒙古东部地区，在实际使用过程中较为不便。故而此次区划在确立黄土高原一熟二熟农作区及甘新绿洲农业一熟农作区的基础上，重新定义和划分内蒙古长城沿线一熟农作区，重点突出该区域农牧交错的发展模式。

（四）黄淮海农作区

黄淮海农作区拥有全国最大的冲积平原，地势平旷且土层深厚，土地开垦程度高于全国，是我国重要的粮棉油生产区。该区农业历史悠久，主要由燕山太行山山前平原、海河低平原、鲁西平原及黄淮平原等组成。然而，传统区划从地形地貌及麦—玉两熟种植模式角度出发，将汾渭谷地以及豫西丘陵地区列入该区争议颇多。此次区划重点研究对比该区耕作制度特征，发现上述地区虽然在地形上处于平原区，但在气候资源、种植模式以及经济产能等方面均与黄淮海地区存在差距，反而与黄土高原部分地区较为相似，因此本区划将其从黄淮海二熟农作区中移除，并列入黄土高原农作区。

（五）长江中下游农作区

长江中下游地区主要以平原丘陵地形为主，具有优越的自然资源和较好的生产设施条件，是我国最主要的双季稻生产区。传统区划从地形角度考虑，将浙闽沿海低海拔渔区也列入长江中下游农作区，在实际使用过程中颇为不便，故而此次区划重点围绕水稻生产种植区对其进行优化，将浙闽沿海渔区列入江南丘陵区，长江中下游二熟三熟农业区则主要以两湖平原、江淮平原、沿江平原及周边丘陵山地为主。

第三节　耕作制度区划

本研究在前人研究基础上，结合农业资源与作物生产匹配特征的最新研究进展，综合考虑气候变化与技术进步对我国农业的影响，进而提出新的区划方案，将我国耕作制度分为 3 个熟制带、11 个一级区和 41 个二级区。具体分区结果如表 2 - 3 所示：

表 2 - 3　中国耕作制度区划

熟制带	耕作制度一级区	耕作制度二级区
一熟区	1. 东北平原丘陵半湿润喜温作物一熟区	1.1 大、小兴安岭林农区
		1.2 三江平原农业区
		1.3 松嫩平原农业区
		1.4 长白山地农林区
		1.5 辽东滨海农渔区

（续）

熟制带	耕作制度一级区	耕作制度二级区
一熟区	2. 长城沿线内蒙古高原半干旱温凉作物一熟区	2.1 内蒙古草原农牧区 2.2 辽吉西蒙东南冀北山地农牧区 2.3 晋北后山坝上高原农牧区 2.4 河套银川平原农牧区 2.5 鄂尔多斯高原农牧区 2.6 阿拉善高原农业区
	3. 甘新绿洲喜温作物一熟区	3.1 北疆准噶尔盆地农牧林区 3.2 南疆塔里木盆地农牧区 3.3 河西走廊农牧区
	4. 青藏高原喜凉作物一熟区	4.1 青北甘南高原农牧区 4.2 藏北青南高原牧区 4.3 藏南高原谷地农牧区
	5. 黄土高原易旱喜温作物一熟二熟区	5.1 黄土高原中部沟谷农林牧区 5.2 黄土高原南部旱塬农林牧区 5.3 黄土高原西部丘陵农林区 5.4 汾渭谷地二熟农业区 5.5 豫西晋东丘陵山地二熟农林区
二熟区	6. 黄淮海平原丘陵灌溉农作二熟区	6.1 燕山太行山山前平原农业区 6.2 冀鲁豫低洼平原农业区 6.3 山东丘陵农林渔区 6.4 黄淮平原农业区
	7. 西南山地丘陵旱地水田二熟区	7.1 秦巴山林农区 7.2 渝鄂黔湘浅山农林区 7.3 贵州高原农林牧区 7.4 川滇黔高原山地农林牧区 7.5 云南高原农林牧区
	8. 四川盆地水田旱地二熟区	8.1 盆西平原农林区 8.2 盆东丘陵山地林农区
三熟区	9. 长江中下游平原丘陵水田旱地三熟二熟区	9.1 鄂豫皖低山平原农林区 9.2 江淮平原农业区 9.3 沿江平原农业区 9.4 两湖平原农林区
	10. 江南丘陵山地水田旱地三熟区	10.1 浙闽沿海丘陵山地农林渔区 10.2 南岭丘陵山地农林区
	11. 华南丘陵平原水田旱地三熟区	11.1 华南低平原农林渔区 11.2 华南西双版纳山地丘陵农林牧区

研究发现 1～5 区为我国主要一熟制农业区，由东北平原向青藏高原延伸，主要位于我国高海拔冷凉地区。1 区为我国东北一熟制农业区，主要种植作物以水稻、玉米和大豆为主，该区域黑土资源肥沃，农业机械化水平高，是我国重要的商品粮生产基地之一。2～3 区处于我国干旱、半干旱地区，农牧业发展均衡，是我国主要的杂粮生产区域，其中 3 区局部雪山融水覆盖区域，在保障充足灌溉及农业保水技术下，能够满足二熟制种植条件，但总体上仍以一熟制为主要种植制度。4 区位于我国青藏高原区，主要以喜凉作物种植为主，该区域地广人稀，农业发展相对较落后。5 区为黄土高原易旱一熟二熟农作区，该区域西部主要是黄土高原旱塬区及沟谷区，种植制度以一年一熟为主，东部汾渭谷地及豫西晋东丘陵山区，主要以麦—玉两熟为主要种植制度，虽然该地区满足二熟种植条件，但受海拔因素及从区域完整性考虑，也列入黄土高原区。6～8 区为我国主要的二熟制农业区，其中 6 区为黄淮海二熟农业区，以冬小麦—夏玉米一年两熟种植制度为主，是我国最重要的冬小麦及夏玉米产区。7～8 区地处我国西南丘陵山地，农业发展受地形、地貌影响，机械化程度较低。8 区位于我国四川盆地，开阔的平原地区使得该区域农业发展相对丰富，间套作种植较为普遍，种植作物种类繁多。9～11 区为我国主要的三熟制农作区，其中 9 区位于我国长江中下游平原地区，该区域水热资源丰富，北部以稻麦二熟制轮作为主，南部主要以双季稻种植为主体，是我国最重要的水稻生产区。10 区主要是南岭及浙闽沿海丘陵山地，该区域农业发展受地形影响，地块破碎且机械化程度低，农业发展相对落后，农业、林业及渔业同时发展。11 区是我国传统热作区，也是我国热带作物主产区，粮食作物以水稻为主，同时甘蔗、橡胶、果蔬等也均有分布。

第三章

我国各区耕作制度特征比较

第一节 自然与社会经济条件

1. 气候条件 我国东部的几个农作区是我国主要粮食生产区，包括1区、6区和9区，该区域地势平坦，自然条件相对较好，水热资源由北向南温度逐渐增加，满足不同类型作物生长需求。农作区中，10区、11区以温带、亚热带的半湿润气候为主，雨热同季，同样适用于各种作物生长。中西部的2~5区地处我国干旱半干旱温带气候区，是我国一二阶梯和二三阶梯交界处，该区域水热资源相对匮乏，其中水资源问题尤为突出，我国主要的农牧交错带集中于此。4区位于我国第一阶梯青藏高原区，属于高寒半干旱气候，作物生长的限制因子较多，农业发展相对较落后，以冷凉作物为主。

2. 土壤条件 我国东部平原以及四川盆地（1区、6区、9区及8区）的几个农作区地势平坦，土层深厚肥沃，有利于农作物生长，也是我国粮食的主产区。其中1区是世界三大黑土带之一，也是我国重要的黑土保护区，土壤类型主要以黑土、黑钙土、草甸土为主，其中黑土质地黏重，结构良好，孔隙度大且持水量大，有机质含量在3‰~6‰，适合作物生长。中西部山区土层较薄且易于流失，土壤类型主要是潜育性水稻土和比较肥沃的紫色土以及少量的冲积土，灌溉条件不满足是限制该区域农业发展的主要因素。

3. 粮食生产 我国粮食生产主要集中于东部三大粮食主产区（东北平原、黄淮海平原和长江中下游平原），该区域粮食总播种面积约0.87亿 hm²（其中东北平原0.2亿 hm²，黄淮海平原0.36亿 hm²，长江中下游平原0.31亿 hm²），占全国总播种面积的51%；粮食总产量约42 505.1万 t（其中东北平原12 599.8万 t，黄淮海平原17 691.2万 t，长江中下游平原12 214.1万 t），占全国粮食总产量的64%。我国东南部及西部丘陵山地区粮食产量相对较低，主要受气候、地形及第一产业发展比重等多方面因素限制（表3-1）。

表 3-1　全国各耕作区自然与社会经济条件（2015 年）

区号	海拔（m）	年均温（℃）	≥10℃积温（℃）	年降水量（mm）	总人口（万人）	农业人口（万人）	粮食总产（万t）	农村居民人均纯收入（元/人）	人均耕地面积（hm²）	人均粮食（kg）	纯化肥（kg/hm²）	机械动力（kW/hm²）	人口密度（人/km²）
1	0~1 000	-4~11	1 614~4 061	363~1 048	9 978	3 883	12 599.8	13 128	0.30	1 263	292	3.1	111
2	300~1 500	-2~10	1 734~4 071	35~664	4 886	2 038	4 147.7	10 424	0.35	849	277	3.7	41
3	850~2 100	-4~15	138~5 689	16~577	3 071	1 651	2 044.8	11 521	0.29	666	327	2.8	17
4	2 300~5 000	-5~15	32~4 918	17~1 719	1 025	616	217.5	8 491	0.17	212	138	7.1	5
5	300~2 600	0~15	1 013~5 103	186~817	11 159	5 504	4 385.2	13 532	0.17	393	355	4.9	231
6	0~100	6~16	2 412~5 174	463~1 106	32 460	14 417	17 691.2	15 246	0.09	545	668	12.3	720
7	300~2 500	8~22	2 824~7 819	622~1 728	12 629	6 739	4 456.6	8 644	0.13	353	332	4.5	174
8	200~700	4~19	949~6 332	826~1 653	10 837	5 287	4 052.0	14 059	0.12	374	231	3.5	525
9	20~400	9~20	2 674~6 802	798~2 343	28 491	11 927	12 214.1	15 245	0.09	429	556	6.4	470
10	50~1 000	13~22	3 948~7 943	1 115~2 131	9 834	3 989	2 133.6	12 265	0.07	217	920	7.4	250
11	0~1 500	16~27	5 167~9 899	788~2 699	14 211	5 732	2 851.1	11 541	0.08	201	488	5.7	295
全国	0~5 000	-5~27	32~9 899	16~2 699	138 579	61 782	66 793.5	13 253	0.13	482	435	5.9	146

4. 人口条件　我国人口主要集中在东部和南部地区，该区域经济相对发达，人口密度大，人均耕地少。在东部地区，总人口及农业人口总量分别占全国总量的 68％ 和 65％。其中黄淮海二熟农作区（6 区）及长江中下游二熟三熟农作区（9 区）人口密度最大，分别达到 720 人/km² 和 470 人/km²，四川盆地（8 区）人口也比较集中，达到 525 人/km²。相反，西北部地区人口相对稀少，最低人口密度出现在我国青藏高原区（5 区），仅为 5 人/km²。全国人均耕地由北向南递减，平均水平为 0.13 hm²/人，其中东北平原人均耕地面积最高，为 0.3 hm²/人（表 3-1）。

5. 农民收入　2015 年，我国农村居民人均纯收入全国平均为 13 253 元/人，但是不同区域之间差异较大，其中经济发达地区农民收入也相对较高，黄淮海平原二熟农作区和长江中下游二熟三熟农作区农村居民人均收入超过 15 000 元/人。而西部青藏高原（4 区）及西南山地（7 区）等地人均收入相对较低，平均农村居民人均收入不足 10 000 元/人（表 3-1）。

第二节　区域农业特征

1. 土地利用　根据 2015 年全国耕地遥感监测结果，监测出我国现有耕地面积约 1.7 亿 hm²，占国土总面积的 18.8％，但笔者认为该监测结果数值偏大，我国实际耕地面积约 1.33 亿 hm²。其中，黄淮海平原二熟农作区（6 区）、长江中下游平原二熟三熟农作区（9 区）及四川盆地二熟农作区（8 区）耕地占比较高，6 区耕地占比高达 67.1％，农业集约化程度高；林地主要集中于东北平原一熟农作区（1 区）、江南丘陵三熟农作区（10 区）、华南热作区（11 区）和西南盆周山地二熟农作区（7 区），除东北大小兴安岭林区外，我国大部分林地分布在南方丘陵地区，其中江南丘陵山地三熟农作区林地占比最高，达到 69.7％；草地主要集中于我国中西部半干旱高海拔地区（2~4 区），其中青藏高原一熟农作区草地占比最高，达到 61.9％（表 3-2）。

2. 耕地结构　我国实际耕地总面积约为 1.33 亿 hm²，主要集中于东部平原地区，其中 3 大平原区（1 区、6 区及 9 区）作为我国主要粮食生产区，累积耕地面积约占全国总耕地面积的 48％。中高海拔地区基本以旱地为主，丘陵平原地区水田旱地均有分布。总的来看，我国耕地仍以旱地为主，主要集中我国北方地区及中西部地区（1~8 区），约占全国总耕地面积的 87.3％。水田主要集中于我国秦岭淮河以南地区（9~11 区），约占区域耕地面积的 61.5％，东北平原、四川盆地及盆周山区也有水田分布，但占比相对较低；灌溉资源较丰富的地区主要集中在甘新绿洲一熟农作区（3 区）、黄淮海平原二熟农作区（6 区）及长江中下游平原二熟三熟农作区（9 区），有效灌溉达到约 70% 的水平，其余大部分农作区有效灌溉水平均不足 50%（表 3 - 2）。

表 3 - 2　全国各耕作区耕作制度特征（2015 年）

区号	土地利用结构				耕地结构				农业总产值结构				
	土地面积（万 hm²）	耕地（%）	林地（%）	草地（%）	耕地面积（万 hm²）	水田（%）	旱地（%）	有效灌溉（%）	农业总产值（亿元）	种植业（%）	牧业（%）	林业（%）	渔业（%）
1	10 372	28.4	49.9	8.2	2 946	17.4	82.6	31.2	7 158	47.8	3.4	41.0	7.8
2	12 050	14.3	8.4	45.4	1 717	5.0	95.0	42.1	3 249	47.6	4.6	47.0	0.8
3	18 042	4.9	2.3	28.1	889.7	0.6	99.4	72.2	1 593	61.6	8.6	29.3	0.5
4	22 195	0.8	11.8	61.9	172.5	2.1	97.9	34.2	305	37.1	4.2	58.4	0.4
5	4 826	38.2	19.5	36.2	1 844	0.7	99.3	35.4	3 949	68.4	3.5	27.6	0.6
6	4 510	67.1	6.6	6.4	3 025	6.1	93.9	72.5	16 400	60.1	1.8	31.5	6.6
7	7 264	22.2	54.0	22.1	1 611	30.9	69.1	30.9	4 524	55.6	4.4	38.0	2.0
8	2 066	62.0	26.7	7.0	1 280	38.4	61.6	37.6	4 289	48.6	3.1	44.8	3.5
9	6 067	42.6	28.0	2.3	2 585	74.0	26.0	63.8	15 209	49.9	3.7	30.4	16.0
10	3 939	17.0	69.7	9.6	671	65.2	34.8	51.2	4 756	48.2	8.8	24.0	19.0
11	4 812	22.7	60.9	9.6	1 095	45.3	54.7	46.9	6 056	46.6	6.7	27.4	19.4
全国	96 143	18.8	23.6	31.5	17 835	26.0	74.0	48.8	67 505	53.2	4.0	33.3	9.5

3. 农业总产值　不同农作区之间农业总产值有较大差异，其中，东部经济发达地区农业总产值约占全国农业总产值的 78%，其中黄淮海平原（6 区）及长江中下游平原（9 区）占比最高，分别为 24% 和 22%。西部农业总产值相对较低，尤其是西北甘新绿洲农区（3 区）和青藏高原区（4 区），累积农业总产值只占全国的不到 3%。全国各区农业产值结构主要以种植业和林业为主，局部地区同时发展牧业和渔业，其中南方三熟区（9～11 区）沿海地区渔业占比较高，平均水平达到 18%。总体来看，我国南方地区农业总产值要高于北方地区，其中黄淮海二熟农作区（6 区）及长江中下游二熟三熟农作区（9 区）农业总产值较高，2015 年均超过 15 000 亿元，而青藏高原农作区农业总产值最低，仅为 305 亿元。

第三节　种植制度特征

1. 粮食作物　小麦、玉米、水稻是我国三大主要粮食作物，2015 年产量占我国粮食总产量的 93%。其中玉米产量占比最高，达到 39.7%，其次是水稻（32.2%）和小麦（21.5%），其中东部地区（1区、6区及9～11区）粮食产量占全国总产量的66%。在空间分布上，我国北方及西北地区以小麦、玉米种植为主，长江中下游及华南地区以水稻种植为主，西南四川盆地及盆周地区种植制度复杂，主要以水稻、玉米及薯类种植为主，小麦也占有一定比例。杂粮、杂豆种植主要集中在我国青藏高原冷凉区（4区）及内蒙古高原长城沿线一熟农作区（2区），总播种面积较低（表3-3）。

表3-3 全国各耕作区作物播种面积特征（2015年）

区号	播种面积（万 hm²）	粮食作物（%）								经济作物（%）					复种指数（%）
		水稻	小麦	玉米	薯类	高粱	谷子	杂粮	杂豆	大豆	棉花	花生	油菜	蔬菜	
1	2 013	16.7	1.1	58.0	1.8	0.4	0.2	0.1	0.6	12.9	0.0	1.6	0.7	2.7	97.6
2	1 093	3.4	5.0	45.1	6.7	1.8	3.6	3.9	2.1	1.4	0.0	1.5	1.7	7.6	90.9
3	539	0.9	24.5	21.3	1.4	0.2	0.2	0.6	0.1	1.1	30.2	0.1	0.8	7.2	86.6
4	81	0.9	15.7	8.1	11.1	1.5		30.3	1.9	1.1	0.0	0.1	14.0	9.9	67.5
5	1 592	0.3	22.0	27.2	7.1	0.4	1.4	1.5	1.0	3.0	0.4	1.8	2.1	14.1	123.3
6	3 592	4.0	36.9	29.7	1.2	0.1	0.1	0.2	0.1	2.9	3.1	5.6	0.5	12.4	169.6
7	1 463	11.9	4.7	14.6	12.9	0.5	0.1	2.1	1.4	2.1	0.0	1.2	10.1	7.3	129.8
8	1 039	24.4	11.2	14.2	14.9	0.1	0.1	1.6	0.1	3.0	0.1	2.8	10.8	11.9	115.9
9	3 057	42.7	11.3	4.6	1.3	0.1	0.1	0.5	0.1	1.9	2.4	3.1	11.6	11.1	168.9
10	824	34.8	0.2	5.5	6.5	0.1	0.1	0.1	0.1	2.5	0.1	1.9	1.0	17.3	175.5
11	1 027	33.7	1.2	11.3	5.2	0.1	0.1	1.3	0.7	2.0	0.0	4.8	0.9	22.2	134.0
全国	16 312	17.7	14.6	24.0	5.1	0.3	0.5	1.1	0.8	3.7	2.1	2.7	4.4	11.0	123.6

2. 经济作物 经济作物主要以油菜、棉花及蔬菜为主，约占全国总播种面积的32.6%。其中棉花主要集中于我国甘新绿洲一熟农作区（3区）、黄淮海平原二熟农作区（6区）及长江中下游二熟三熟农作区（9区），分别占全国棉花总播种面积的45.3%、31.1%和20.0%。油料作物主要以油菜、花生为主，油菜种植主要集中在我国长江中下游地区（9区）和四川盆地及盆周地区（8～9区），分别约占全国总油菜面积的47.9%、15.1%和20.1%；花生种植主要集中在我国黄淮海地区（6区），约占全国花生总面积的43.5%，长江中下游地区及华南地区也少有种植。蔬菜种植主要集中于我国二熟制及三熟制地区（6～11区），约占全国蔬菜总面积的87.2%，北方冷凉地区种植面积相对较少。

3. 复种指数 复种指数是指农作物播种面积与耕地面积的比值。2015 年，我国平均复种指数约 123.6%（表 3 - 3），前人于 2005 年研究结果约 160%，存在差距一方面是因为耕地面积数据源的不同，利用遥感监测的我国耕地面积相比较高于国家统计数据；另一方面，我国南方双季稻种植区近年来"双改单"现象普遍，南方三熟区复种指数显著下滑，从而导致全国整体复种指数有所下降。当前我国复种指数较高的地区主要集中在黄淮海二熟农作区（6 区）、长江中下游二熟三熟农作区（9 区）以及江南丘陵三熟农作区（10 区）。

第四章

耕作制度分区概述

第一节 东北平原丘陵半湿润喜温作物一熟区

一、范围

本区包括东北大平原及其北部东部的山地和山前丘陵漫岗坡地，其北界抵中俄边境，东南与朝鲜相接。涉及内蒙古东北角、黑龙江、吉林、辽宁大部。土地总面积 10 372 万 hm²，占全国总土地面积的 9.5%，耕地 2 946 万 hm²，总人口 9 978 万人，其中农业人口 3 883 万人，人均耕地 0.3 hm²，北部多南部少（图 4-1）。土地广阔、平坦肥沃，气候适宜，中部拥有 30 万 km² 的松辽平原，是我国重要的农业与商品粮豆生产基地。四周为大、小兴安岭和长白山区。平原海拔大部分在 150 m 以下，山前丘岗缓坡耕地海拔在 150～300 m，而山区多为 500～1 000 m，少数达 1 500 m。本区土地、水、森林、草地、耕

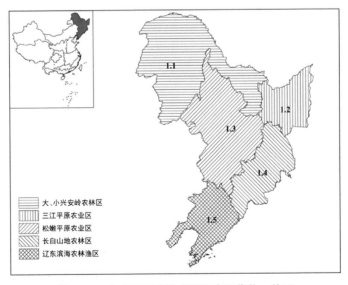

图 4-1 东北平原丘陵半湿润喜温作物一熟区

地资源较为丰富，但热量有嫌不足。

二、自然与社会经济条件

本区属温带季风气候，四季分明。气候温和湿润，大部分属半湿润中温带，北部少部分属寒温带。夏季温热多雨，冬季寒冷干燥。年平均气温−4～11 ℃，大于 0 ℃活动积温 1 985～4 438 ℃，大于 10 ℃活动积温 1 614～4 061 ℃，无霜期 85～235 d，北部温凉、中南部温和。冬季寒冷漫长，1 月平均温在全国各区中是最低的，为−29～−3 ℃，作物难以越冬；夏季温热，7 月平均气温较高，一般为 17～26 ℃。大多数地区适于喜温的玉米、水稻等作物生长，但北部低温对产量有一定影响。年降水量为 363～1 048 mm，集中于夏秋季，春偏旱，年干燥度为 1～1.25，属半湿润气候，降水量东部多于西部，适于雨养农业，但季节干旱仍是作物产量的重要威胁因素（表 4-1）。

土壤资源较为丰富，东北黑土地肥力高，地力好，土壤肥沃，土层深厚；质地疏松，适合耕种；主要分布在松嫩、三江和辽河中下游三大平原。中部北部为黑钙土、草甸土和白浆土，土壤有机质含量为 2%～5%，辽宁中部平原为暗棕壤。大平原土地平坦，适于大规模机械化作业。由于多年来对黑土资源的高强度利用，导致黑土地自然肥力有逐年下降趋势。

本区森林覆盖率高。天然植被主要是落叶阔叶林与红松混交林，落叶阔叶林分布于南部四季分明、夏季炎热冬季寒冷区域，针叶林则分布在夏季温凉、冬季严寒北部区域，以松、杉等针叶树为主。中西部平原降水量减少，植被为草甸或草原。

本区地处我国东北隅，交通较为发达，是我国重要工业基地。人口密度为 111 人/km²，松嫩平原和辽河平原人口较为稠密，城镇化水平高，沈阳和大连是东北地区成熟型工业基地的典型代表。同时，又是我国的三大农区之一，为重要的粮豆商品生产基地和工业基地。人少地多，北部农民人均耕地较多，达 3 000 m² 以上。由于地势广阔平坦，适用于机械化作业，大型农机装备的普及成为东北机械化发展的亮点，农业机械化水平在全国属于领先地位。人均占有粮食较多，达 1 263 kg。农民人均净收入（13 128 元）接近全国平均水平（13 253 元）。2015 年人均农业（农林牧渔）总产值达 18 433元，居全国 11 个区首位（全国平均为 10 926 元，第 2 位为 15 927 元，第 3位为 12 751 元）。

历史上本区开发较晚，人地比相对较高（0.3 hm²/人），气候、土壤、水资源等自然条件配合较好，交通发达，农业机械化与粮豆商品率较高，加上良好的国民经济发展环境，是重要的商品粮、林业和畜牧业生产基地。

表4-1　1区自然与社会经济条件

区号	海拔 (m)	年均温 (℃)	1月平均温度 (℃)	7月平均温度 (℃)	≥0℃积温 (℃)	≥10℃积温 (℃)	无霜期 (d)	年降水量 (mm)	总人口 (万人)	农业人口 (万人)	粮食总产量 (万t)	农村居民人均净收入 (元/人)	人均耕地面积 (hm²)	人均粮食 (kg)	纯化肥 (kg/hm²)	机械动力 (kW/hm²)
1.1	200~1 000	-4~4	-29~-17	17~22	1 985~3 093	1 614~2 745	85~157	363~633	393.6	159.4	721.6	11 659.2	0.65	1 833.1	152.9	2.3
1.2	40~100	3~5	-20~-16	22~23	3 129~3 335	2 788~2 991	162~172	386~594	772.5	318.3	1 747.6	12 063.8	0.68	2 262.2	110.3	2.1
1.3	40~240	1~7	-24~-13	21~24	2 882~3 789	2 544~3 466	142~183	407~697	4 191.1	1 788.3	7 503.3	13 659.5	0.33	1 790.3	334.6	3.4
1.4	150~600	3~8	-18~-12	19~23	2 806~3 719	2 412~3 343	141~183	541~918	984.9	430.3	863.7	11 935.1	0.27	876.9	350.7	3.4
1.5	0~100	6~11	-15~-3	23~25	3 376~4 438	3 011~4 061	161~235	501~1 048	3 635.3	1 186.9	1 763.7	13 015.7	0.14	485.1	401.9	3.7
全区	0~1 000	-4~11	-29~-3	17~26	1 985~4 438	1 614~4 061	85~235	363~1 048	9 977.6	3 883.2	12 599.8	13 128.4	0.30	1 263.0	291.5	3.1

三、耕作制度特点

当前大多数实行半集约、半机械、半商品耕作制，仍属传统耕作制范畴，人均耕地、机械化水平、人均粮与粮豆商品率在国内是最高的。多数先进的大型机械化农场已进入现代农业阶段，农业现代化水平已初步实现，其劳动生产率已可与发达国家相比拟。

农业开发历史晚，耕地占土地面积的 28.4%，多分布于平原和缓坡岗地，土层深厚，土质肥沃，灌溉面积达到 31.2%，大多实行雨养旱作制。林地约占 49.9%，其中森林覆盖率约占土地的 1/3（0.33 亿 hm²），分布于山地上，是我国重要林区和木材基地。草地虽只占 8.2%，但产草量高，草质好，提供了丰富的牧草资源（表 4-2）。

表 4-2　1 区耕作制特征

| 区号 | 土地利用结构 | | | | 耕地结构 | | | | 农业总产值结构 | | | | |
	土地面积（万 hm²）	耕地（%）	林地（%）	草地（%）	耕地面积（万 hm²）	水田（%）	旱地（%）	有效灌溉（%）	农业总产值（亿元）	种植业（%）	牧业（%）	林业（%）	渔业（%）
1.1	3 022.3	8.4	72.5	15.9	255.1	2.5	97.5	20.7	361.8	56.8	13.2	28.4	1.6
1.2	1 007.1	52.4	29.6	3.8	528.1	35.1	64.9	31.6	480.7	64.4	3.2	29.7	2.7
1.3	3 882.6	36.1	21.1	6.3	1 399.9	13.4	86.6	38.4	3 256.4	53.1	1.5	43.9	1.5
1.4	1 325.7	44.0	42.7	2.8	263.3	15.8	84.2	27.1	613.5	56.5	10.5	30.1	2.9
1.5	1 134.8	44.0	42.7	1.8	499.5	18.5	81.5	19.4	2 445.6	33.8	2.7	44.0	19.4
全区	10 372.5	28.4	49.9	8.2	2 945.9	17.4	82.6	31.2	7 158.0	47.8	3.4	41.0	7.8

本区是我国重要的粮食基地，以玉米带著称。农业以种植业为主，其产值占农业总产值的 47.8%。作物以喜温的杂粮（玉米、大豆、水稻、高粱、谷子）为主，一年一熟，旱作为主，水田水浇地面积只占 17.4%。近些年低湿地水稻发展很快，是我国重要的寒地水稻种植基地。大面积实行机械耕作。土壤耕作以垄作为主，垄平结合，深松、平翻、耙茬相结合。

四、种植制度

1. 作物布局　作物结构中，粮食作物占比达到 78.9%，经济作物比重低（表 4-3）。主要粮食作物是玉米、水稻、大豆、薯类、春小麦、谷子、高粱，历史上是高粱、谷子、大豆传统产区。新中国成立以来，高产的玉米、水稻面积迅速扩大，而谷子、高粱面积则缩小。从地区布局看，春小麦主要在黑龙江北部，以三江平原、松嫩平原北部最为集中。向南为大豆、谷子、玉米，再向南（辽宁）则高粱比重增加。本区是我国大豆第一产区、玉米第二产区，大豆

表4-3 1区种植制度

区号	播种面积 （万 hm²）	粮食作物（%）								经济作物（%）					种植指数 （%）
		水稻	小麦	玉米	高粱	谷子	杂粮	杂豆	薯类	大豆	花生	油菜	烟草	蔬菜	
1.1	217	2.8	7.9	28.9	—	—	0.9	0.5	1.6	36.8	—	6.0	—	0.9	94.2
1.2	258	34.8	—	49.0	—	—	—	0.3	0.3	8.2	—	—	0.3	1.2	69.9
1.3	1 076	15.3	0.5	63.2	0.6	0.2	—	0.9	2.3	11.0	1.3	—	0.1	2.2	106.8
1.4	173	12.3	—	62.8	—	—	—	0.2	1.7	15.4	0.1	—	1.0	4.2	94.0
1.5	288	18.3	0.1	65.8	0.2	0.2	0.1	0.2	1.7	5.7	6.5	—	0.2	0.8	82.3
全区	2 013	16.7	1.1	58.0	0.4	0.2	0.1	0.6	1.8	12.9	1.6	0.7	0.22	2.7	97.6

注："—"表示该区不种植该作物。下同。

以黑龙江为主，玉米比重以吉林最高，这里的气候土壤条件与美国玉米带相近，辽宁、黑龙江玉米比重也甚大。水稻集中在三江平原、东部山区的山间河谷、盆地和辽河、松花江流域的大型灌区。谷子均匀分布于三省西部干旱、半干旱地区。经济作物比重小、主要包括花生和油菜、甜菜、烟草和蔬菜。长白山区是鹿茸、人参等珍贵药材产区。辽东低山丘陵和半岛丘陵区是我国最大的柞蚕茧产区。延边生产苹果、梨。辽南是重要的苹果产区。本区是我国重要的商品粮基地。2015 年粮食总产已达到 12 259 万 t，占全国粮食总产的 18.7%，人均粮高达 1 263 kg，是全国粮食最宽裕的地区，也是今后潜力最大的地区。

2. 复种 北部生长期短，大于 10 ℃积温 2 200～2 800 ℃，基本上一年一熟，还有部分土地实行休闲，大于 10 ℃积温 2 800 ℃以上的地区，理论上麦田可复种短生育期的饲料、绿肥、蔬菜、荞麦、糜、马铃薯等，甚至套种早熟玉米、大豆，但实际上因人少地多而很少应用。南部辽河流域热量较多，大于 10 ℃积温已达 3 400 ℃，有可能实行以麦、油菜为上茬，大豆、糜、向日葵、早玉米为下茬的套复种，实际上因水肥等问题未解决，面积也很少。只在城市周围有少量发展。

3. 间套作 历史上间作在东北平原较多，主要是玉米间作大豆。例如，吉林省榆树县在 20 世纪 50 年代是玉米、大豆混作，到 70 年代以间作代替混作，玉米与大豆的行比常为 2∶2 或 1∶2。辽宁省 20 世纪 70 年代普遍实行玉米、大豆间作，后因在间作中玉米影响了大豆面积与产量，不便于机械作业，当前间作面积已较少。此外，在南部有部分小麦、玉米半间半套作。套作在东北平原甚少，北部因生长季短，南部因小麦面积很少。

4. 轮作 ①粮豆轮作。该区域轮作模式以粮豆轮作为主，主要集中在小麦、玉米、大豆三种作物之间的轮换种植（麦豆轮作、玉豆轮作），适当加入高粱、谷子、马铃薯等作物，主要优势在于发挥大豆根瘤固氮菌的能力，缓解重迎茬及玉米连作危害，增加优质食用大豆供给。此外，该区域还有杂粮轮作、粮草轮作等模式。②杂粮轮作。由于杂粮生育期短、栽培技术简单，且市场需求较好，在避免重迎茬大豆的限制下，具有一定的经济效益。同时在东北西部干旱地区，实行玉米与谷子、高粱、燕麦、红小豆等耐旱、耐贫瘠的杂粮杂豆轮作，减少灌溉用水，同时满足市场多元化需求。但由于杂粮作物栽培技术较低，产量不稳定，因而无法大面积推广。其代表轮作模式有大豆—杂粮—玉米、小麦—大豆—杂粮—玉米、马铃薯—小麦—大豆—杂粮、玉米—杂粮等。③粮草轮作。实行籽粒玉米与青贮玉米、苜蓿、草木樨、黑麦草、饲用油菜等饲草作物轮作，以养带种、以种促养，满足草食畜牧业发展需要，研究表明豆科牧草可以提高土壤酶活性，进而提高土壤有效养分水平，同时豆科牧草群体生长率和光合效率优于粮食作物，生态效益优于粮豆轮作，主要轮作模式为草木樨—草木樨—玉米，该轮作模式主要集中在东北平原农牧交错区。同时，农民收获完青贮玉米，还可以补种萝卜、香菜等，又进一步增加了经济收益。

5. 主要种植模式

水田：

　　　中稻→中稻

水浇地：

　　　蔬菜→蔬菜

　　　春小麦→春小麦→大豆→马铃薯（甜菜）

　　　春小麦→春玉米→大豆

旱地：

　　　春小麦→大豆→大豆

　　　春玉米→春玉米

　　　春玉米→春玉米→高粱（谷子）→大豆（花生）

　　　春小麦→春小麦→春小麦→大豆

　　　春油菜→春油菜→马铃薯

　　　春玉 ‖ 大豆→春玉米→大豆（马铃薯、烟草）

　　　大豆→马铃薯→大豆→油菜（向日葵）→豌豆

　　　马铃薯→豌豆→向日葵

　　　春小麦（马铃薯）/玉米→春玉米

五、养地制度

为了合理利用保护本区宝贵的森林资源，把本区建成青山常在、永续利用的全国永久性林业基地，必须从战略上调整林业生产的采育关系，加强林区建设与管理，使林区得到休养生息，从而实现可持续利用。

加强土地保护与土壤肥力建设，减轻岗坡地的水土流失。全区化肥（纯）年均使用量 291.5 kg/hm²，有机肥较少使用，加上开垦年限短，土地用养不协调，土壤有机质含量仍在下降。南部施用肥料已较多，年均化肥（纯）用量 354 kg/hm²，均有增多，用地与养地水平已有提高，但仍要重视秸秆还田等措施。

加强水资源保护。本区域由于水稻种植面积扩大，近年来多河流年径流量有明显减少趋势，在水稻种植上不提倡面积扩大化，可以在品种改良、优化栽培技术、推广节水技术等方面挖掘增产潜力，同时进行江河水系灌溉设施建设，减少井水种植，充分利用径流水、湖泊和水库资源，保护地下水资源。

六、亚区

(一) 大、小兴安岭农林区 (1.1 区)

本区包括大、小兴安岭及其东西侧丘岗坡地。土地总面积 3 022 万 hm²，总人口 394 万人，农业人口 159 万人。地处寒温带和中温带，气候寒冷，大于 0 ℃积温 1 985～3 093 ℃，大于 10 ℃积温 1 614～2 745 ℃，无霜期 85～157 d，夏季温度相对较低，一般 7 月平均温度为 17～22 ℃，年降水量 363～633 mm，年干燥度 1.0，属半湿润区。

主体耕作制是山地纯林制与山麓岗地粗放一熟制。本区是我国最大的原始林区，森林总面积 2 000 万 hm²，林业产值占农业总产值的 28.4%，但采育失调，木材蓄积量大幅度减少。有耕地 255 万 hm²，农民人均耕地多，为 0.65 hm²/人，大半无灌溉条件，水田只占 2.5%，以雨养的春小麦、马铃薯、大豆一年一熟为主。有的玉米、高粱虽可种植，但需选用早中熟品种，并时常受秋低温危害，而喜凉的春小麦、马铃薯与喜温凉的大豆比例较大。耕作粗放，撂荒地多。畜牧业以牛为主，其次为猪和马。牛、马、羊等草食动物半放牧半舍饲，猪则舍饲。

(二) 三江平原农业区 (1.2 区)

位于我国东北角黑龙江、松花江、乌苏里江三江交汇处，地低洼，土地总面积 1 007 万 hm²，耕地 528 万 hm²，总人口 773 万人，农业人口 318 万人，人均耕地 0.68 hm²/人。气候温凉水热条件比 1.1 区稍好，大于 10 ℃积温为 2 788～2 991 ℃，年降水量 386～594 mm，无霜期 162～172 d。7 月平均温度 22～23 ℃。

主体耕作制是大规模机械化雨养粮豆制和水田制。主要作物除春小麦、大豆外，水稻、玉米比重已显著增加。经济作物主要是甜菜和向日葵。本亚区内多国有农场，麦豆生产机械化水平高、商品率高、人均粮食占有率高、大豆种植的比例较高。区内仍存较多宜农荒地，许多土地仍需进行排水工程改造。本亚区饲料足，自然草地宽阔，草场建设较好，畜牧业以养牛为主，奶牛比甚高，有发展前景。

（三）松嫩平原农业区（1.3区）

本区包括黑龙江南部吉林中西部和辽宁中部广阔的平原以及部分长白山西侧的丘岗坡地，土地总面积3 883万 hm²，耕地1 400万 hm²，总人口4 191万人，农业人口1 788万人，人均耕地0.33 hm²/人。这里是东北平原的精华与主体，土壤肥沃，气候温和湿润，是我国主要商品粮（玉米大豆为主）基地。本亚区与1.1区和1.2区的区别在于温度相对较高，大于10 ℃积温2 544～3 466 ℃，年降水量407～697 mm，无霜期142～183 d，夏天温度为21～24 ℃，宜于喜温的玉米的生长发育。

本区土地面积大、耕地多、光热水土配合协调、机械化基础好，是我国最有潜力的粮食与肉奶生产基地。目前，人均粮食占有量高达1 790 kg，农民收入13 660元。主体耕制是平原雨养半机械化农牧混合制，兼水田制和草地后，放牧与舍饲结合制。主要粮食作物是玉米、大豆，其次为谷子、水稻、春小麦、高粱，小麦比重显著低于北部。经济作物有甜菜、向日葵等。从本亚区的作物布局看，北部春小麦、大豆多，西南高粱、谷子多，玉米则遍布于各地，南端已可种植冬小麦、花生、棉花、甘薯等，并在麦后也可填闲种植短生育期的作物如大豆、油菜、向日葵、蔬菜、绿肥饲料，但比重很小。水稻主要在辽河流域与长白山西侧山麓。畜牧业以猪为主，黄牛、奶牛有相当比重。饲养方式以舍饲为主，西部草场大的地方采取半放牧半舍饲，当前奶牛业正在蓬勃发展。

（四）长白山地农林区（1.4区）

本区包括黑龙江、吉林两省南部张广才岭至吉林哈达岭以东的长白山区。土地总面积1 326万 hm²，总人口985万人，农业人口430万人，耕地263万 hm²。多数为海拔150～600 m的丘陵低山。气候温凉湿润，作物生长期较短。人均粮食877 kg。本区林地比例大（42.7%）。众多河流上游切割山地形成的许多宽谷盆地是区内的农业基地。耕作制以山地纯林制和山麓川岗地粗放一熟制为主。作物以玉米、水稻和春小麦为主，一年一熟。畜牧业以舍饲为主，有黄牛、猪、奶牛等。农民人均净收入11 935元，是1区中较低的。

（五）辽东滨海农林渔区（1.5区）

濒临黄海、渤海，大陆岸线东起鸭绿江口，西至绥中县，全长1 972 km，处在对外联系的窗口位置。土地总面积1 135万 hm²，人口3 635万人，农业人口1 187万人，农民人均净收入13 016元。

本区耕作制多样，有沿海渔作制、水田制、雨养农牧制、果园制、设施菜地制等。有海涂资源17万 hm²，有大连湾、大窑湾等优良港口。浅海水域广阔，海洋农牧化条件优越，浅海可利用面积约83万 hm²，海洋水产资源丰富。地处暖温带，光热条件好，是东北唯一的暖温带地区。大于10 ℃积温在3 011 ℃以上，有利于苹果、梨、花生、水稻等生长。本区又是东北平原的对外窗口和外向型经济发展的前沿，发展外向型耕作制有广阔前景。

第二节 长城沿线内蒙古高原半干旱温凉作物一熟区

一、范围

该区地处我国北方东北平原半湿润区以西、西北干旱区以东的半干旱过渡地带，包括内蒙古高原、东北平原和黄土高原，长城横贯其中。土地总面积12 050万hm²，海拔300～1 500 m，区内中低高原相间，总人口4 886万，人口密度41人/km²，农业人口2 038万，占比42%，较往年有所下降。大体上，以长城为界限，可将本区分为南北两部分，长城以北历史上为草原牧区，当前最北边与蒙古国交界处仍为纯牧区，向南有农牧交错带（如阴山后、坝上），林地极少，耕地主要分布于内蒙古高原上的平缓坡岗地与黄土丘陵上，绵延于内蒙古南部东西向的阴山山脉两侧、山西高原北部以及雁北、陕北的长城沿线等地。长城以南大部分为农区，耕地主要分布于河谷山间盆地和黄土高原的梁、峁、塬地上。据统计，全区共有耕地面积1 717万hm²，按总人口计，人均耕地0.35 hm²/人。按农业人口算则人均耕地0.64 hm²/人。

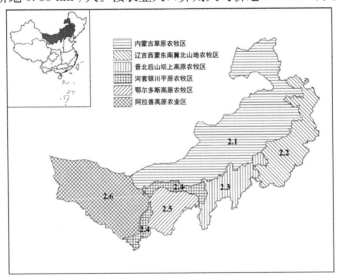

图4-2 长城沿线内蒙古高原半干旱温凉作物一熟区

二、自然与社会经济条件

本区长城以北地势是中高原，由于海拔较高（300～1 500 m），纬度偏北，故气候凉凉。长城以南为低高原，气候温和。本区10℃以上积温1 734～4 071℃，年降水量35～664 mm，1月平均温度略低，为－25～－6℃，7月平均温度17～28℃（表4-4）。半干旱是本区自然条件的主要特点，年降水量

表4-4 2区自然与社会经济条件

区号	海拔 (m)	年均温 (℃)	1月平均温度 (℃)	7月平均温度 (℃)	≥0℃积温 (℃)	≥10℃积温 (℃)	无霜期 (d)	年降水量 (mm)	总人口 (万人)	农业人口 (万人)	粮食总产量 (万t)	农村居民人均净收入 (元/人)	人均耕地面积 (hm²)	人均粮食 (kg)	纯化肥 (kg/hm²)	机械动力 (kW/hm²)
2.1	900~1100	-2~7	-25~-12	17~24	2113~3764	1734~3446	101~182	134~466	615.3	244.3	590.3	11039.3	0.65	959.5	103.7	2.5
2.2	300~1100	5~10	-17~-8	23~25	3542~4233	3218~3910	167~196	323~664	1816.2	719.8	2152.0	9825.5	0.35	1184.9	369.7	3.8
2.3	500~1300	4~10	-14~-7	19~25	2811~4221	2416~3863	133~205	349~477	1206.6	547.2	446.5	8563.7	0.34	370.1	117.3	2.5
2.4	300~1100	8~10	-11~-6	23~25	3658~4210	3297~3796	174~202	147~394	1008.6	420.6	761.0	12818.4	0.18	754.5	672.1	6.8
2.5	900~1300	7~10	-11~-7	22~24	3415~4108	3026~3719	266~195	191~377	157.3	62.5	144.8	14397.7	0.28	920.6	275.9	7.1
2.6	800~1500	8~10	-11~-7	24~38	3805~4388	3458~4071	172~193	35~214	82.1	43.4	53.1	13000.1	0.36	646.3	361.1	0.0
全区	300~1500	-2~10	-25~-6	17~28	2112~4388	1734~4071	101~204	35~664	4886.1	2037.6	4147.7	10424.0	0.35	849	276.9	3.7

较少，最北部牧区仅为 134～466 mm，年干燥度为 2.5～4.0，故干旱是农业生产的严重威胁。

长城以北土壤主要为栗钙土、栗灰钙土、棕钙土等，亦有相当面积的风沙土。自然植被以草地为主，东部是温性干草原（以针茅等短草为主），西部北部是温性荒漠草原或荒漠，林地稀少。由于黄土土质疏松，植被稀缺，故黄土丘陵水土流失严重。长城以南土壤为黄土母质发育的黄绵土、黑垆土为主，土质疏松，透水性好，易受侵蚀。内蒙古高原东南部多栗钙土，属草原土壤与森林草原土壤。天然植被以温性白羊草、黄背草草原、温性草甸草原、山地草甸、暖性灌草丛为主。在年降水量 500 mm 的地方，已适于矮生乔木生长，森林覆被率达 4%～18%，个别的如延安市达 35%。

本区经济欠发达，区内无大城市。人少地多，耕地也多，按统计数字，人均耕地 0.35 hm²，但耕作粗放，施肥少，每公顷施用化肥只 276.9 kg，机械化水平也很低，每公顷耕地农机总动力只有 3.7 kW，基本上是人畜力耕作。农田基本建设较差，梯田只占坡耕地的 10%～15%，加上自然灾害多，交通困难，粮食、燃料、饲料均缺，人均粮 849 kg/人。人均净收入为 10 424 元/人。长城以南人口密度稍增，农业生产条件略好于长城以北地区，但多数地区耕作粗放，交通不便，比较贫困，商品经济不发达。

三、耕作制度特点

该区耕地面积 1 717 万 hm²，主要以旱地为主（占 95.0%），农业总产值约为 3 249 亿元（表 4-5）。当前本区以粗放旱作传统小农耕作为主，降水少，半干旱是本区面临的最大威胁。耕作比较粗放，投入少，广种薄收，粮食单产极低，仅为 4 196 kg/hm²。物质周转慢，常呈负平衡状态。旱作为主，水浇地只占 11.1%。种植制度为一年一熟，北部是喜凉作物带，南部已是喜温作物带。

表 4-5　2 区耕作制特征

区号	土地利用结构				耕地结构				农业总产值结构				
	土地面积	耕地	林地	草地	耕地面积	水田	旱地	有效灌溉	农业总产值	种植业	牧业	林业	渔业
	（万 hm²）	（%）	（%）	（%）	（万 hm²）	（%）	（%）	（%）	（亿元）	（%）	（%）	（%）	（%）
2.1	5 043.1	8.0	6.9	71.5	402.2	0.8	99.2	25.1	485.2	38.0	5.2	56.3	0.5
2.2	1 749.7	36.7	18.5	29.1	641.5	4.0	96.0	49.0	1 444.2	49.6	5.7	44.1	0.6
2.3	1 048.8	39.5	25.3	29.3	413.9	2.6	97.4	24.0	560.1	45.4	4.5	49.6	0.5
2.4	600.3	31.0	6.7	38.0	186.0	24.3	75.7	83.3	584.9	50.8	1.8	45.6	1.9
2.5	867.1	5.1	2.5	60.1	43.9	0.0	100.0	93.4	119.5	46.3	5.0	47.9	0.8
2.6	2 741.2	1.1	0.6	10.7	29.9	0.0	100.0	60.2	55.7	73.5	3.0	23.3	0.2
全区	12 050.2	14.3	8.4	45.4	1 717.2	5.0	95.0	42.1	3 249.4	47.6	4.6	47.0	0.8

四、种植制度

1. 作物布局 北部以喜凉旱作为主，粮食作物占 75%，主要是春小麦与杂粮（藜麦、谷糜、马铃薯、青稞、蚕豌豆）等，经济作物占总播种面积的 18%，主要是油料，以麻为主，是我国胡麻的集中产地，也有少量向日葵、油菜，其他经济作物很少。基本上不种喜温的玉米、高粱、大豆等作物以及温带果树。冬小麦不能越冬。除青海东部外，青稞甚少。作物布局随海拔高度而不同。例如，青海东部农区，处于最低部川水地为春小麦、蚕豆、豌豆、马铃薯、油菜，还有少量的玉米、大豆、烟叶；低浅山则为春小麦、蚕豆、豌豆、马铃薯、油菜、胡麻；中浅山为春小麦、青稞、豌豆、胡麻、油菜、马铃薯；中山则为青稞、小油菜。南部以喜温作物为主。粮食作物占多数（77%），经济作物约占 16%。粮食作物中喜凉作物已不占压倒性优势，小麦约占 16%，莜麦、青稞、胡麻等喜凉作物已很少见，而喜温的玉米、谷糜、高粱已占总播种面积半数，是我国谷糜、高粱集中产区（表 4-6）。经济作物少，主要为油料作物，有胡麻、向日葵、油菜等。

表 4-6 2 区种植制度

区号	播种面积（万 hm²）	粮食作物（%）								经济作物（%）						种植指数（%）
		水稻	小麦	玉米	高粱	谷子	杂粮	杂豆	薯类	大豆	花生	油菜	甜菜	烟草	蔬菜	
2.1	225	0.6	14.5	28.8	0.5	2.8	4.4	2.2	15.0	1.0	0.1	7.6	1.1	—	2.1	79.9
2.2	440	4.9	0.4	60.4	2.6	4.8	1.2	3.6	0.7	1.3	3.6	—	0.3	0.2	8.2	98.1
2.3	187	0.1	4.1	33.2	0.2	5.9	14.1	0.8	17.1	2.7	—	0.4	1.5	0.1	9.3	64.6
2.4	184	7.4	5.4	40.9	0.0	0.5	0.6	0.5	1.3	1.2	—	0.3	—	—	10.1	97.2
2.5	41	0.2	0.6	52.6	0.1	0.5	1.2	0.2	4.4	0.8	—	0.6	—	—	2.6	110.7
2.6	16	—	16.0	22.7	0.3	0.2	—	—	0.2	0.1	—	0.3	—	—	32.4	74.2
全区	1 093	3.4	5.0	45.1	1.8	3.6	3.9	2.1	6.7	1.4	1.5	1.7	0.6	0.1	7.6	90.9

2. 复种 本区基本上为一年一熟区。本区北部历史上有部分土地实行休闲或撂荒，近年来已大为减少，但边远地区仍少量存在。例如，内蒙古阴山后雨量稀少，往往种植作物两三年以后休闲一年。在休闲期间进行二犁压青，下茬产量可增加约 1/3。过去撂荒地占 1/3，现已减少到 10% 左右。由于生长期短，早霜早，连一年一季作物的生长期也比较紧张，更难以套种或复种第二季作物，间混作也很少见。

3. 间套作 北部因地广人稀、人少地多，间套作很少见；南部套作已明显增多，原因是作为间作的主干作物玉米已大量出现以及热水肥等条件稍好。单作仍占多数。主要间作类型有：①玉米（高粱）‖大豆，平川地以玉米或高粱为主，玉米间大豆的比例常为玉米行数多于大豆行数，而在山坡地上则大豆比例增加（山西、冀北、陇东）。②玉米‖马铃薯，分布于冀北、山西、陕北、渭北等旱地上，带距 2 m，行比常为 2：2。③小麦‖玉米主分布于河北张家口、山西大同、陕北等水浇地上，如 1.6 m 带种 4 行小麦 2 行玉米；小麦收 2 250 kg/hm²、玉米可达 7 500 kg/hm²。小麦与玉米共生期长达 70～80 d，要求水肥条件好。④其他旱地类型：如玉米‖高粱、玉米（或高粱）‖谷子（长城沿线、晋东）、糜子混小豆（陇东）。

4. 轮连作 本区换茬轮作较多，其原因是作物种类多，有可能进行轮换；连作时野燕麦等杂草危害严重；生产水平低，施肥少，适当的换茬对产量仍是有利的。较好的茬口是豆类作物（豌豆、扁豆、蚕豆）、休闲、马铃薯（一般施肥）。部分地区由于春小麦比例大（80%），连作也较普遍。南部多实行不规则的作物换茬与连茬。作物分布的专业性与地域分异性限制了轮换，例如丘陵地区的川水地多玉米，山坡地多小麦、谷子，因而玉米不能与小麦、谷子进行轮换。实际生产上玉米、小麦实行连作也较多。本区土壤养分含量不高，适当的轮换对于合理使用土壤肥力并防止病虫草害有积极的作用。

5. 种植模式

水浇地：

  菜瓜→菜瓜

  春玉米→春玉米

  冬小麦—夏闲→冬小麦—夏闲

  冬小麦→冬小麦—夏谷（夏玉米）

  冬小麦—夏谷→春玉米

  冬小麦‖春玉米→冬小麦‖春玉米

  春小麦→春小麦→春玉米大豆

旱地：

  春玉米‖大豆→谷子（糜子）→春玉米‖大豆→高粱

  谷子（糜子）→豌豆

  豌豆→马铃薯→胡麻（油菜）

  马铃薯→春小麦→马铃薯→莜麦→休闲

  马铃薯→莜麦→豌豆（向日葵）

  春油菜→向日葵→休闲

  青饲玉米→青饲玉米→休闲

五、养地制度

内蒙古的后山、河北坝上及陕宁长城沿线地区多风沙，风蚀严重加速了草原的沙化，退化面积逐年扩大，成为影响京津地区沙尘的重要因素之一。耕地冬春缺乏覆盖，一定程度上加剧了沙尘暴的危害。当前亟须稳步做好退耕还草工作。一些灌木（如柠条）适应性较强，而乔木只在有集水的地方才可种植；因此，本区的退耕应以还草或灌木为主。在退耕的同时，必须搞好农田基本建设，提高土地生产力。

一方面，区内一些地区土壤瘠薄，养分平衡呈入不敷出状态，自然养地比重还比较大，主要是通过休闲、撂荒、与豆科作物轮作等。另一方面，人工投入甚少，灌溉面积只占耕地面积 11%（按实际面积则不足 6%～7%），年均化肥施用量（纯）约 277 kg/hm²，许多土地不施有机肥或化肥，白籽下地。例如内蒙古后山一些地区滩水地上马铃薯、蚕豆均施有机肥，而大量坡梁旱地则往往不施肥，化肥施用面积少。为此，必须加大对农田的投入，使用地与养地良好结合。

六、亚区

（一）内蒙古草原农牧区（2.1 区）

本区大部分位于内蒙古高原中部及东部地区和大兴安岭南部，为自北向南、自东向西的高原地带和部分山地，土地总面积 5 043 万 hm²，占全国前列，耕地面积 402 万 hm²，人均耕地面积 0.65 hm²/人，占全区前列。总人口 615 万人，大于 0 ℃积温 2 113～3 764 ℃，大于 10 ℃积温 1 734～3 446 ℃，年降水量 134～466 mm，水分条件较差，属于半干旱区，海拔较高（900～1 100 m）。

一年一作，年均温不高，为 −2～7 ℃，草地面积占比全国第二（71.5%），而耕地只占 8.0%，而其中，旱地又占大多数，为 99.2%，主要种植玉米（28.8%，玉米多作饲料）、薯类（15.0%）和小麦（14.5%），较全国而言，油菜种植率较高（7.6%）。耕作粗放，施肥较少，粮食单产低。

（二）辽吉西蒙东南冀北山地农牧区（2.2 区）

本区大部分位于东北平原，地跨了吉林、辽宁、河北和内蒙古 4 省。土地总面积 1 750 万 hm²，耕地面积 642 万 hm²，人均耕地面积 0.35 hm²/人。总人口 1 816 万人，大于 0 ℃积温 3 542～4 233 ℃，大于 10 ℃积温 3 218～3 910 ℃，年降水量 323～664 mm，水分条件适中，居全区第一，全国中等水平，海拔为 300～1 100 m，居全区中等水平，但相较全国而言较高。人均粮食充足，农业总产值本区最高（1 444 亿元）。

本区属北温带大陆性季风气候区，总播种面积很高，为 440 万 hm²，粮食作物占大多数，玉米（60.4%）种植是此地的主要产业也是优势产业，蔬菜次之（8.2%），水稻紧随其后（4.9%），三者占了本区耕地面积的 89.2%。相比于光照土壤等条件，降水量较少和分布不均是制约玉米种植的关键性因素。

（三）晋北后山坝上高原农牧区（2.3 区）

本区位于阴山山脉与太行山脉处，少部分与黄土高原相连，黄河穿过，地跨河北、北京、山西、内蒙古4省、自治区、直辖市，土地总面积1 049万hm²，耕地面积414万hm²，人均耕地面积0.34 hm²/人。总人口1 207万人，大于0 ℃积温2 811～4 221 ℃，大于10 ℃积温2 416～3 863 ℃，年降水量349～477 mm，属于农牧交错带。

农作制以旱地粗放喜凉作物一熟兼轮歇为主，多休闲地。作物以喜凉的春小麦、莜麦、马铃薯为主，少量谷子、胡麻、向日葵等。耕作粗放，施肥甚少，粮食单产低，是典型的农业欠发达地区。今后一部分易旱耕地要逐步退耕，重点要改变广种薄收的习惯，增加投入，提高单产。

（四）河套银川平原农牧区（2.4区）

本区大部分位于内蒙古高原、河套平原西部，属黄土高原沟壑区，土地总面积600万hm²，居全地区最小，人口1 008.6万人，是地少人多的典型案例。耕地面积为186万hm²，人均耕地面积0.18 hm²/人。其中，大于0 ℃积温3 658～4 210 ℃，大于10 ℃积温3 297～3 796 ℃，年降水量147～394 mm，变率大，蒸发性强。本区每公顷施用化肥量较高，为672 kg。

水田占比为本区第一（24.3%），种植指数较高。本区是典型的中温带半干旱大陆性季风气候，温度较高，地势较为平坦，主要种植玉米（40.9%）和水稻（7.4%）等喜温作物，蔬菜也占据不小比重（10.1%），比如磴口县的番茄特色产业。

（五）鄂尔多斯高原农牧区（2.5区）

本区大部分位于黄土高原西北部，内蒙古高原中西部，黄河横穿区内，故而水力资源较为丰富，土地总面积867万hm²，耕地面积44万hm²，总人口157万，人均耕地面积0.28 hm²/人。大于0 ℃积温3 415～4 108 ℃，大于10 ℃积温3 026～3 719 ℃，年降水量191～377 mm，机械动力高（7.1 kW/hm²），人均净收入较高，为14 398元/人。

有效灌溉面积高达93.4%，种植指数居于全区前列。其中，种植玉米最多（52.6%），其次就是薯类（4.4%），这两种作物占了本区耕地的绝大多数。

（六）阿拉善高原农业区（2.6区）

本区大部分位于内蒙古高原西部及与祁连山脉交界处，处于腾格里沙漠边缘，包括阿拉善右旗、阿拉善左旗、额济纳旗、金川区、金塔县、民勤县，土地总面积2 741万hm²，居全区上游，耕地面积30万hm²，却位于全区下游，总人口82万人，人均耕地面积0.36 hm²/人，粮食单产极低，这在全国也是很罕见的，是典型的欠发达农业区。农业总产值（55.7亿元）在全国来讲也属于下游。大于0 ℃积温3 805～4 388 ℃，大于10 ℃积温3 458～4 071 ℃，年降水量35～214 mm，水资源紧缺，属于干旱地带，海拔较高（800～1 500 m）。

第三节　甘新绿洲喜温作物一熟区

一、范围

该区位于我国西北部，主体为新疆地区与河西走廊地区，包括祁连山、阿尔金山和昆仑山以北的广大范围，甘肃河西走廊灌区与新疆内陆灌区以及一望无际的荒漠、戈壁、沙漠以及山地草原与荒漠草原等（图4-3）。我国著名的塔克拉玛干大沙漠、古尔班通古特沙漠等都集中于此，土地总面积18 042万 hm²，占全国的19.0%，位居全国第二。总人口3 071万人，农业人口1 651万人，耕地889万 hm²，人均0.29 hm²。农区呈点片状分布于荒漠半荒漠中的绿洲，其外围为荒漠、戈壁或沙漠，除少数沿山的耕地外，均实行灌溉。

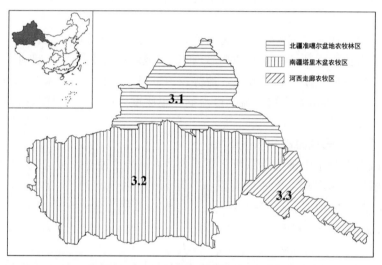

图4-3　甘新绿洲喜温作物一熟区

二、自然与社会经济条件

该区地处内陆，海洋季风影响极微，属于温带大陆性气候。年降水量大多小于300 mm。北疆天山、阿尔泰山山地受地形影响，可达300～600 mm。新疆、河西走廊地区依靠周围雪山以及冰雪融溶的大量雪水资源补给。

冬冷夏热，大部分属干旱暖温带，少部分属于中温带，光热资源好。年日照时数达2 500～3 500 h。年平均气温－4～15 ℃，大于0 ℃积温872～6 011 ℃，大于10 ℃活动积温138～5 689 ℃，温度年差较大，1月平均气温－26～－4 ℃，7月平均气温8～33 ℃（表4-7）。南疆地区年平均气温、日照时数等热量条件均比北疆

表4-7　3区自然与社会经济条件

区号	海拔(m)	年均温(℃)	1月平均温度(℃)	7月平均温度(℃)	≥0℃积温(℃)	≥10℃积温(℃)	无霜期(d)	年降水量(mm)	总人口(万人)	农业人口(万人)	粮食总产量(万t)	农村居民人均净收入(元/人)	人均耕地面积(hm²)	人均粮食(kg)	纯化肥(kg/hm²)	机械动力(kW/hm²)
3.1	450~930	2~11	-22~-8	14~30	1940~4967	1342~4681	119~209	23~577	1038.8	548.2	1007.8	13789.9	0.37	970.1	334.7	2.0
3.2	900~1500	-4~15	-26~-4	8~33	872~6011	138~5689	40~242	16~287	1282.6	676.8	761.0	9420.7	0.30	593.3	308.1	2.4
3.3	850~2100	5~10	-12~-7	18~26	2882~4296	2436~3913	141~184	41~217	749.5	425.8	276.0	12093.3	0.16	368.3	365.7	6.6
全区	850~2100	-4~15	-26~-4	8~33	872~6011	138~5689	28~242	16~577	3071.1	1650.9	2044.8	11521.0	0.29	666	327.2	2.8

地区好；而北疆地区水资源条件优于南疆地区，且北疆年蒸发量低于南疆。无霜期28～242 d。灌溉条件下，本区的光热水资源能够很好地配合，适于作物生长。

自然土壤为黑钙土、棕钙土、草原灰钙土、荒漠灰钙土、草甸盐渍土、棕色荒漠土、潮土等。在空间上，新疆 0～100 cm 土壤有机碳密度分布具有很大差异。其中，以天山西段和东段以及阿尔泰山南坡地区数值最大，而准噶尔、吐鲁番和塔里木盆地土壤有机碳含量最低，由于绿洲生态的影响，其土壤有机碳密度较周边荒漠区域要高 47.1%。土壤有机质含量较低，但在光热与水肥的配合下，能产生较好地种植效果。

植被类型分布与降水量相关，主要为温性草甸草原、温性草原、温性荒漠草原、大量荒漠，仅有少数河湖滩地生长的杨林或低地草甸。北部山区分布有山地草原、草甸与少数针叶林。

本区处于我国的西北地区，占据广大的土地面积，但地广人稀，人口密度为 17 人/km²，因此人均耕地相对较多，为 0.29 hm²/人。大多集中居住于绿洲地区，交通不便利，基础条件差，经济水平相对落后，但近年来发展较快。因灌区农业较为发达，是我国重要的棉花、粮食、瓜果生产基地。农村居民人均纯收入 11 521 元，在我国西部地区中处于领先地位。由于耕作水平的提高，本区中的灌溉农田仍为西北农产品的主要产出地。近年来，因新疆充裕而廉价的劳动力资源为种植业发展提供了条件以及全疆逐渐开发起来的四通八达的航空网、铁路网、公路网为农产品运输提供了便捷的通道，新疆以及河西走廊地区，呈现出了逐年繁荣的农业生产景象。

三、耕作制度特点

该区耕地面积约为 889 万 hm²，其中旱地占 99.4%，农业总产值约为 1 593 亿元（表 4 - 8）。当前该区域大多实行绿洲半集约半商品灌溉制度，只有小部分年降水量超过 400 mm 的地方实行雨养粗放旱作制。多数农田靠四周的高山雪水实行灌溉，化肥使用量约 327 kg/hm²，保证了较高的单位面积产量。由于该区域土地光热资源丰富，生产潜力尚大。

表 4 - 8　3 区耕作制特征

区号	土地利用结构				耕地结构				农业总产值结构				
	土地面积（万 hm²）	耕地（%）	林地（%）	草地（%）	耕地面积（万 hm²）	水田（%）	旱地（%）	有效灌溉（%）	农业总产值（亿元）	种植业（%）	牧业（%）	林业（%）	渔业（%）
3.1	4 465.1	8.5	5.2	39.2	381.6	0.4	99.6	73.7	661.7	51.1	10.7	37.6	0.5
3.2	11 827.5	3.3	1.2	24.5	389.5	1.0	99.0	72.2	698.0	68.5	8.9	22.1	0.5
3.3	1 749.7	6.7	2.9	23.9	117.6	0.0	100.0	71.1	233.5	71.6	1.3	27.0	0.2
全区	18 042.3	4.9	2.3	28.1	888.7	0.6	99.4	72.2	1 593.2	61.6	8.6	29.3	0.5

本区阳光充足，气候温暖干燥，适宜于喜光喜温作物生产，如棉花、葡萄、瓜果、番茄等。近10多年来，本区已发展成为我国的高产优质棉花带，其中新疆的棉花生产已居我国各省区之首。

水是绿洲农业的命脉，如何对水资源进行保护、节约利用、合理分配与调节将是该区耕作制度发展的重要课题，同时也要防止土地的沙化及次生盐渍化。

四、种植制度

种植业是该区农业的主体，产值占61.6%。粮食作物中小麦是主体，占总播种面积的24.5%，其次是玉米（21.3%）。水稻仅占0.9%（表4-9）。20世纪后期棉花大发展，该区已成为我国最重要的棉花基地。

表4-9　3区种植制度

区号	播种面积（万 hm²）	粮食作物（%）								经济作物（%）						种植指数（%）
		水稻	小麦	玉米	高粱	谷子	杂粮	杂豆	薯类	大豆	花生	油菜	甜菜	棉花	蔬菜	
3.1	219	0.7	28.1	23.8	0.1	0.2	0.4	—	0.8	2.1	—	0.5	1.9	16.6	3.5	86.0
3.2	258	1.2	23.6	17.6	0.2	0.0	0.2	0.2	0.3	0.3	0.1	0.5	0.6	48.5	5.2	94.7
3.3	61	—	15.7	28.2	0.7	0.3	0.2	0.2	8.1	0.6	—	3.0	2.2	29.0	75.6	
全区	539	0.9	24.5	21.3	0.2	0.2	0.6	0.1	1.4	1.1	0.1	0.8	1.1	30.2	7.2	86.6

1. 作物布局　作物布局形成以棉花、小麦为主，玉米为辅，蔬菜、甜菜、油料、果用瓜不断增长的新格局。夏季较温暖，平均气温8～33℃，日较差又比较大，故大部地区适合种植喜温作物，如玉米、水稻、高粱、甘薯、大豆等，有些地区还可种喜温的棉花。但小麦仍是主体作物。本区为冬小麦、春小麦混种区，以春小麦为主，南疆则以冬小麦为主。水稻主要分布在引黄灌区。由于日照足、水热条件适宜，发展经济作物（棉、甜菜、瓜果等）潜力较大，经济作物比重已上升到总播种面积的1/2。新疆是20世纪90年代兴起的我国主要棉花生产基地，棉花单产高、品质好，其中吐鲁番等地是我国唯一的长绒棉生产基地。此外，葡萄、瓜类（西瓜、白兰瓜）、温带水果（苹果、梨、杏、李、桃等）品质优良，驰名中外。苜蓿在新疆种植较多，利于培养地力和发展畜牧业。

2. 复种　当前以一年一熟为主，北部还有相当面积的休闲地，但许多地区具有发展填闲种植或复种的条件。决定复种的是热量与无霜期，分3种情况：①大于10℃积温2 400～3 900℃，无霜期140～180 d，如河西。冬小麦于7月上旬末收获，春小麦7月下旬至8月上旬收获，麦后尚余1 200～1 400℃积温，勉强能填闲种植短生育期的谷糜（积温需1 400℃）或荞麦

（需 1 100 ℃），但产量甚低。河西走廊在麦田上间套玉米效果甚好，可以充分利用 7～9 月光、热、水配合良好的黄金季节。②大于 10 ℃积温 4 000～4 600 ℃，无霜期 120～200 d 的地方（如北疆盆地南缘），麦后可以复种大豆、向日葵、油菜等或套种玉米，敦煌小麦收后复种胡麻、大豆、糜、秋菜（萝卜、白菜）。③大于 10 ℃积温 4 600 ℃以上的地区，粮田普遍实行一年两熟。如南疆的喀什地区，麦后可复播玉米。吐鲁番盆地，麦后可复播玉米、高粱、芝麻、甘薯，早在历史上已记有"高昌谷麦、一岁再熟"（北史《西域传》）。

3. 间套作 以玉米为中心的间套作已较普遍。主要形式是小麦‖玉米，一般为 1.7 m 带，4 行小麦 2 行玉米，共同生长 80～90 d，小麦收获后，玉米继续利用 8～9 月气候条件，增产幅度较大，但要求高水肥条件。其次是玉米与豆类（大豆、绿豆）间作也在各地有一定分布。此外，还有玉米‖胡麻、玉米‖矮高粱、高粱‖豆子（大豆）、玉米‖谷子。

以小麦为中心的套作有广泛前途。如小麦/马铃薯，小麦/甜菜（河西、河套）、小麦/草木樨（河西、河套）、小麦/饲料绿肥（河北、新疆）等。

4. 轮连作 由于小麦比例大，水肥条件好，故小麦连作多，也常与其他作物（玉米、马铃薯、谷糜、豆类）倒茬。本区的主要作物小麦、玉米、棉花都是耐连作的作物，轮作很少。但有土传性病害的地区，作物适当轮换是有益的。

5. 种植模式

水浇地：

　　春小麦→春小麦

　　春小麦/春玉米

　　棉→棉→棉

　　春玉米→向日葵｜春玉米—向日葵（甜菜）

　　豌豆→莜麦（马铃薯）→油菜→休闲

　　冬小麦/夏玉米

　　冬小麦｜冬小麦→春玉米

　　菜瓜→菜瓜

　　春小麦—夏大豆

　　青饲玉米→青饲玉米

　　苜蓿→苜蓿→苜蓿→苜蓿小麦

旱地：

　　向日葵→马铃薯→向日葵→胡麻→油菜→豌豆

　　春小麦＋春小麦→谷糜→豌豆、大麦、青稞混作

　　春油菜→胡麻

　　冬小麦→玉米→棉花→油菜/草木樨

五、养地制度

本区大部分处于干旱地区，生态十分脆弱。本区有大量的荒漠、荒漠草原等低级自然生态系统。近些年来看，随着新疆整体发展实力的增强以及城市化进度的不断深入，原有的草地不断被用于开发建设，不仅造成草地资源迅速缩减，更加衍生出水土流失等生态问题。只有尽力防止滥牧、滥伐、滥垦等人为错误行为发生，才能在保证发展的同时维持环境。

水资源是该地区可持续发展的最重要的制约因素。水资源开发过程中的生态与经济的矛盾十分突出，河道断流、干支流肢解，河流生态服务功能下降。以灌溉为主的绿洲农业生态系统能够保证水的需要，维持良好的农业发展。以往的灌溉技术过于粗放，造成水资源的浪费量很大，但近年来以膜下滴灌为代表的高效节水的技术主体提高了水资源的利用效率，为绿洲农业系统注入了新的生机。另外，绿洲农业生态系统中也存在着土壤次生盐渍化的问题，需要被重视。

六、亚区

（一）北疆准噶尔盆地农牧林区（3.1区）

本区位于新疆天山以北，包括准噶尔盆地南缘绿洲、伊犁河谷平原以及整个北疆的广大干旱荒漠与山地草原。土地总面积 4 465 万 hm²，总人口 1 039 万人，人口密度 25 人/km²，接近全疆人口密度的两倍。农业人口 548 万人，耕地 382 万 hm²，人均耕地面积 0.37 hm²。本区属中温带大陆性气候，大于 0 ℃积温 1 940～4 967 ℃，大于 10 ℃积温 1 342～4 681 ℃，无霜期 119～209 d，年年降水量 23～577 mm，为干旱气候，没有灌溉就没有农业。本区水资源可利用总量 533 亿 m³，目前利用率较低，开发潜力甚大。灌溉集约粮作制与棉作制是本区的主体耕作制，在牧区则实行游牧定牧制。这里光温水配合良好，耕作精细，单位面积产量高。粮食作物以小麦、玉米为主，为冬春麦混播区。玛纳斯—昌吉热量条件较好地区（>10 ℃积温 3 400 ℃）冬麦后可套种大麦、玉米、向日葵、绿肥等填闲作物，但实际上北疆仍多休闲。玛纳斯河流域是北疆陆地棉集中产区，伊犁河谷部分农田实行两年三熟。本亚区 85% 农田实行灌溉，在降水稍多的伊犁、塔城、阿勒泰沿山（300～400 mm），有部分旱作农田，种植春小麦、马铃薯、豆类等。油料、甜菜、薯类作物生产主要集中于此区，因为这三类都是喜凉作物，对热量与土壤要求不高，而北疆气候偏凉，恰好适合。总体上，本区的绿洲光热水土配合良好，农业潜力较大，有发展余地。

除少量的绿洲外，本亚区有大面积沙砾质荒漠土，天然草场可利用面积 2 368 万 hm²，但生产力极低，年产鲜草仅 750 kg/hm²，盖度只有 10%～

25%。此外，山地上有部分良好的温性草原或草甸，伊犁谷地有禾草草原。畜牧业以牛羊放牧为主，羊占总饲养量的 44%，是我国重要的细毛羊基地；其次是马、奶牛、驴，养猪极少。

（二）南疆塔里木盆地农牧区（3.2 区）

本区包括南疆东疆全部。农区分布于山前环带状高平原和东部吐鲁番盆地，它被周围的山区和塔克拉玛干沙漠所包围。土地总面积 11 828 万 hm²，人口密度为 11 人/km²，耕地面积 390 万 hm²，总人口 1 283 万人，农业人口 677 万人，人均耕地 0.3 hm²。属暖温带大陆性气候，热量条件好，大于 0 ℃积温 872～6 011 ℃，但降雨极少，仅为 16～287 mm，靠天山、昆仑山雪水灌溉（占 95%）。

本区主要耕作制是灌溉集约粮作制、棉作制与园艺作物制、荒漠草原放牧制。粮食作物以冬小麦、玉米为主，冬麦后复种玉米、套种草木樨等。棉花产量占全疆的 2/3，东疆吐鲁番盆地大于 10 ℃积温高达 5 400 ℃，是我国北方光热条件最优越的地方，适宜生产长绒棉。此区是水果与果用瓜生产的专用化集聚地区。瓜类、葡萄等特作，品质优良，闻名全国。以苜蓿为主的草田轮作也较多。

南疆水资源可利用量 528 亿 m³。森林覆盖率仅 1.2%。草地资源不及北疆，植被稀少，从西向东荒漠化增强。畜牧业以放牧为主，畜群以羊为主，其次为黄牛、猪。饲养方式多为转场放牧或定居放牧。该区域应充分发挥资源优势，发展特色农产品及其加工业，增加农民收入，促使耕作制走向集约化、商品化。

（三）河西走廊农牧区（3.3 区）

本区主要为甘肃河西走廊的绿洲，土地总面积 1 750 万 hm²，人口密度 43 人/km²。耕地面积 118 万 hm²，总人口 749.5 万人，农业人口 425.8 万人，人均耕地面积 0.16 hm²。气候温和干旱，大于 10 ℃积温 2 436～3 913 ℃。年降水量 41～217 mm。灌溉集约耕作制是本区的主体耕作制度。本区南边沿祁连山北麓的绿洲（即河西走廊）有黄河和祁连山雪水之利，灌溉农业发达，精耕细作，不但粮食自给，而且还是甘肃省内的商品基地。主要粮食作物是玉米和小麦，其他如水稻、大豆、高粱等均生长良好。经济作物主要是油料，向日葵、油菜、胡麻等。目前大部分地区一年一熟，麦收后还有两个多月光温水配合良好的季节，余热 1 200～2 000 ℃，可间套种玉米、饲料、甜菜、马铃薯或填闲复播短生育期的向日葵、油菜、谷糜、荞麦等作物。其中，小麦玉米半间半套方式已在水肥条件较好的土地上大面积推广。近年来，特色作物发展甚快，如葡萄、瓜、啤酒花、绿色蔬菜等。河西走廊是大西北荒漠中的明珠，农村经济已经腾飞。为了促使耕作制升级、升值，发展特色农业与农产品加工业，繁荣农村经济的方针需要继续执行下去。

第四节　青藏高原喜凉作物一熟区

一、范围

本区位于我国西部，土地面积 22 195 万 hm²，但耕地少，仅有 173 万 hm²，垦殖率只有 0.6%。农区分布于西藏东南部、青海中北部、四川西部、甘肃西南角（图 4-4）。总人口 1 025 万人，人口密度仅 5 人/km²，以藏族为主。农业人口 616 万人，人均耕地面积 0.17 hm²。此区是我国也是世界最高的高原农区，周围大部分为自然牧场。耕地主要分布在雅鲁藏布江河谷、东部横断山脉三河（怒江、澜沧江、金沙江）河谷以及青海湖周围与柴达木盆地。海拔大部分为 2 300~5 000 m，作物分布高限达 4 700 m（青稞）。本区土地占全国土地面积的 23%，农业人口的 1.0%，耕地面积的 1.0%。本区土地资源充足，但区内各地降水差异较大，热量不足。

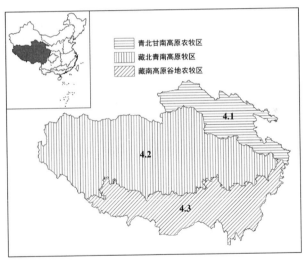

图 4-4　青藏高原喜凉作物一熟区

二、自然与社会经济条件

本区地处高原，环境复杂。气候寒冷，气温低，积温少，气温随高度和纬度的升高而降低，昼夜温差大，年平均温度−5~15 ℃，最热月平均温度仅 6~25 ℃，大于 0 ℃积温为 576~5 550 ℃，大于 10 ℃积温为 32~4 918 ℃。太阳辐射强烈，日照充足，年太阳辐射总量 586~753 kJ/cm²，无霜期 25~330 d。降雨分布不均匀，年降水量 17~1 719 mm，藏南地区可达 279~1 719 mm（表 4-10）。土壤类型主要

表 4 - 10　4 区自然与社会经济条件

区号	海拔 (m)	年均温 (℃)	1 月 平均 温度 (℃)	7 月 平均 温度 (℃)	≥0 ℃ 积温 (℃)	≥10 ℃ 积温 (℃)	无霜期 (d)	年降 水量 (mm)	总人口 (万人)	农业 人口 (万人)	粮食 总产 (万 t)	农村居民 人均净 收入 (元/人)	人均 耕地面积 (hm²)	人均 粮食 (kg)	纯化肥 (kg/ hm²)	机械 动力 (kW/ hm²)
4.1	1 700～ 3 400	-2～15	-17～ 4	10～25	1 121～ 5 550	329～ 4 918	57～ 305	17～ 551	312.7	167.5	54.7	6 509.0	0.25	174.8	167.8	3.0
4.2	4 000～ 5 000	-5～7	-17～ -1	6～19	576～ 2 895	32～ 2 430	25～ 173	31～ 737	221.3	131.9	17.3	8 197.5	0.07	78.0	62.6	10.4
4.3	2 300～ 4 300	0～15	-9～ 8	8～21	1 083～ 5 418	120～ 4 687	103～ 330	279～ 1 719	490.5	316.5	145.6	9 579.3	0.16	296.8	123.0	10.5
全区	2 300～ 5 000	-5～15	-17～ 8	6～25	576～ 5 550	32～ 4 918	25～ 330	17～ 1 719	1 024.6	615.9	217.5	8 490.9	0.17	212	137.8	7.1

有：高山草甸土、亚高山草甸土、高山草原土、山地草甸土、亚高山草原土、草甸土。

本区历史上以放牧为主，农业开发较晚，交通不便，耕作原始。1949年来，农业取得显著进展，农牧民生活得到很大改善，农业与农村经济增长显著，但农民人均净年收入为11个区中最低，为8 491元。粮食总产量218万t，但人均粮食为212 kg。

三、耕作制特点

本区耕地面积约为173万hm²，旱地占比97.9%，农业总产值约305亿元（表4-11）。耕作制基本上是以牧为主、牧农并重。广大荒漠与荒漠草原土地大多数为天然牧场，大多数呈原始自然状态，植物覆盖少，实行近原始的游牧或定牧制。

表4-11 4区耕作制特征

区号	土地利用结构				耕地结构				农业总产值结构				
	土地面积 （万hm²）	耕地 （%）	林地 （%）	草地 （%）	耕地面积 （万hm²）	水田 （%）	旱地 （%）	有效灌溉（%）	农业总产值 （亿元）	种植业 （%）	牧业 （%）	林业 （%）	渔业 （%）
4.1	3 390.4	2.3	7.7	40.6	77.5	0.2	99.8	15.6	93.6	38.3	2.5	58.7	0.6
4.2	12 817.0	0.1	3.0	73.8	15.2	0.1	99.9	13.3	79.0	20.4	1.4	78.1	0.1
4.3	5 987.5	1.3	33.1	48.7	79.8	4.3	95.7	57.0	132.7	46.4	7.1	46.1	0.4
全区	22 194.9	0.8	11.8	61.9	172.5	2.1	97.9	34.2	305.3	37.1	4.2	58.4	0.4

农田以粗放自给性传统耕作制为主。土地利用率甚低，多轮歇地，投入少，耕地主要分布于河谷地带，农牧交错，旱作与灌溉并重。河谷的灌溉农田耕作较集约，已有较多的水肥投入，单产较高。

四、种植制度

1. 作物布局 粮食作物约占播种面积的70%，以青稞（裸大麦）为主，耐寒，适合高海拔地区种植，为藏民喜食（表4-12）。冬春小麦占粮食作物的第二位。青海环湖地区以青稞、春小麦、油菜居多，柴达木盆地则以春小麦为主。在青藏高原的主体几乎看不到玉米等喜温作物，但在高原的东南部（川西、藏东南、滇西北）河谷地带最热月温度达20℃以上，有玉米及少量水稻。海拔差异显著影响了作物布局，一般4 300 m以上为作物上限地区，多早熟青稞、燕麦、豌豆、油菜、荞麦、芜菁；3 500～4 000 m处以春播的青稞、小麦、油菜为主；3 000～3 500 m处，冬季较温和，已种植冬小麦，但仍以青稞、春小麦为主；2 700 m 以下，已出现喜温的玉米和水稻。青藏高原喜凉作物生育期长是一个重要特点，青海柴达木盆地春小麦 4 月初播，9 月上旬收，生长期 150 d 以上，拉萨冬小麦 9 月中旬播，次年 8 月底收，长达 340 d，故产量潜力较高。日喀则农业科学研究所 1979 年冬小麦试验田单产达 13.1 t/hm²，青海香日德农场 1978 年小面积春小麦曾有 15.5 t/hm² 的记载，但目前大面积的小麦产量与此距离尚大。

表 4 - 12   4 区种植制度

区号	播种面积（万 hm²）	粮食作物（%）							经济作物（%）							种植指数（%）
		水稻	小麦	玉米	高粱	谷子	杂粮	杂豆	薯类	大豆	花生	油菜	甜菜	棉花	烟草	蔬菜	
4.1	33	—	12.2	2.1	3.6	—	18.1	2.1	10.5	0.4	—	21.7	0.1	—	—	18.8	61.5
4.2	7	—	9.3	—	—	—	60.5	4.5	7.0	0.2	—	6.4	—	—	—	10.6	67.2
4.3	41	1.8	19.7	14.4	—	—	35.0	1.4	12.3	1.6	0.1	9.0	—	0.1	0.8	2.6	73.4
全区	81	0.9	15.7	8.1	1.5	—	30.3	1.9	11.1	1.1	0.1	14.0	0.1	0.1	0.4	9.9	67.5

2. 间套复轮作   除川西、藏东南外，绝大多数地区为一年一熟，种植指数往往低于 90%，盛行休闲或撂荒，种植作物几年后，休闲 1～2 年，或撂荒 3～20 年。种植集约化程度与海拔关系密切，一般 3 500 m 以上多休闲或撂荒，3 000～3 500 m 处则多常年连续种植。局部 3 000 m 以下的河谷已有二年三熟类型，如冬小麦—荞麦→春玉米，2 700 m 以下则有小麦—玉米两熟或麦—稻两熟。低于 1 800 m 处有冬麦—稻，冬麦/玉米，冬麦—玉米，冬春青稞—荞麦或芜菁、冬麦—荞麦或芜菁、油菜→春玉米。川西 1 400～2 000 m 处，则有冬麦（或马铃薯）—荞麦，冬麦—玉米（或大豆）、冬麦—水稻。要注意的是，本区中喜温的玉米、水稻以及两熟制只是极少数现象。间套作甚少见，个别的有小麦套玉米。在年间多实行麦类连作或与豌豆、休闲相轮换。

3. 种植模式

水浇地：

      春青稞→春（冬）青稞

      春（冬）小麦→春（冬）小麦

      春青稞→春青稞→春小麦→休闲

旱地：

      春青稞→春小麦（莜麦）→豌豆（油菜）→休闲

春青稞→春青稞→休闲或撂荒

豌豆→油菜（莜麦）

春油菜→春小麦→春油菜→休闲

豌豆→春青稞→春油菜→马铃薯→休闲

春青稞→冬青稞

豌豆→油菜→春玉米

冬小麦—荞麦→春玉米

五、养地制度

青藏高原耕作制度尚未摆脱原始粗放型，因而养地制度也比较简单。历史上恢复土壤肥力的重要手段是休闲或撂荒，利用自然力量缓慢地恢复地力。耕作粗放，生产工具落后，广种薄收，农田基本建设差。1949 年以来，生产条件已有一定改善，水浇地面积已在 1/3 以上，但仍有多数的旱地。施肥水平仍很低，年均化肥施用量只有 138 kg/hm² （纯量），约等于全国平均使用量的 32%，属全国低肥区之一。

草场中的四季牧场和冷季牧场因面积小，放牧时间长，大都已超载过牧，引起草地退化。在岷江、大渡河流域、滇西北等林区过伐滥伐森林现象严重，应加以保护。

六、亚区

（一）青北甘南高原农牧区（4.1 区）

本区包括除东部黄土高原外的青海省大部、甘肃省西南角及祁连山区。土地总面积 3 390 万 hm²，海拔 1 700～3 400 m。大于 0 ℃积温 1 121～5 550 ℃，大于 10 ℃积温 329～4 918 ℃，年降水量 17～551 mm，绝大部分为高寒草原与荒漠，垦殖率 1.8%。

耕作制以自然生态型游牧为主，农牧交错区则实行转场放牧。农区主要分布在环青海湖周围和柴达木盆地，为农牧交错地带。耕地面积 78 万 hm²，人均耕地面积 0.25 hm²。农区的积温比牧区稍高。无霜期 57～305 d，本区冬季温度较低，1 月均温为 −17～4 ℃，主要作物是春小麦、青稞、油菜，还有豌豆、蚕豆等。一年一作，种植指数为 61.5%，有休闲或轮歇地。有 1/3 左右水浇地，耕作粗放，年均化肥施用量 168 kg/hm²。

本区人均净年收入只有 6 509 元，人均粮食 175 kg，均不足全国平均数的一半；年均化肥施用量约等于全国平均水平的 38.6%。今后应逐渐改变原始生态农作方式，努力减少贫困，提高农牧民的经济收入。

（二）藏北青南高原牧区（4.2区）

本区是青藏高原的主体，包括羌塘高原和黄河、长江、怒江、澜沧江、雅鲁藏布江的上源地区。土地面积 12 817 万 hm^2，是全国最大最高的一个亚区。海拔 4 000～5 000 m，气候为高原带至高原亚寒带，1 月均温 −17～−1 ℃，7 月均温 6～19 ℃，大于 0 ℃积温 576～2 895 ℃，大于 10 ℃积温 32～2 430 ℃，年降水量 31～737 mm。高寒与干旱是该区的主要特色，基本上不适合作物和树木的生长。

本区耕作制的特点是原始生态型。这里地广人稀，草场辽阔，是一个纯牧区。实行高寒荒漠草原游牧制。牲畜有牦牛、藏羊、藏马，都是逐水草自由放牧，缺乏牧场管理。区内 1.28 亿 hm^2 土地上仅有耕地 15 万 hm^2。在海拔较低的东南部边缘和局部小气候较好的地方可种早熟青稞，但耕作很粗放，盛行休闲或撂荒。

在这片荒无人烟的土地上（每平方千米人口密度不到 2 人），保护好极其脆弱的原始生态环境至为重要，不要过多开发。

（三）藏南高原谷地农牧区（4.3区）

本区位于青藏高原南部，包括雅鲁藏布江中游的干（支）流谷地、藏南高原、川西及滇西北地区，土地面积 5 988 万 hm^2。海拔 2 300～4 300 m，1 月均温 −9～8 ℃，7 月均温 8～21 ℃，大于 0 ℃积温 1 083～5 418 ℃，大于 10 ℃积温 120～4 687 ℃，无霜期 103～330 d，年降水量 279～1 719 mm。本区有青藏高原海拔最低、热水条件最好的高山峡谷区，西部地形破碎，不便于种植业而适于森林，是发展林业的重要基地，东部农牧结合，河谷地灌溉麦作制和林农立体制是本区的主体耕作制。

本区耕地面积 80 万 hm^2，人均耕地面积 0.16 hm^2。西部宽谷少、峡谷多、耕地少，故种植业发展受到土地的限制。作物以喜凉的大小麦为主，一年一熟，休闲撂荒地较多，耕作粗放。北部谷地，气候温凉，适于喜凉的冬春小麦、冬春青稞、豌豆、油菜等喜凉作物，是青藏高原中农业精华地区。南部为藏南高原，农牧交错，低海拔暖湿河谷上的玉米、水稻，其中少数可一年二熟。

本区人均净收入 9 579 元，人均粮食 297 kg，是三个亚区中最高的，化肥投入只有 123.0 kg/hm^2，仅为全国平均水平的 28%。今后要将增加农牧民收入放在第一位，进一步从粗放走向集约化，同时发挥林业优势，发展农村经济。

第五节　黄土高原易旱喜温作物一熟二熟区

一、范围

该区地处黄土高原，包括秦岭以北、长城以南、太行山以西、乌鞘岭以东在内的区域（图4-5）。土地总面积4 826万hm²，占全国5.2％。海拔300～2 600 m，整体上西边的海拔高于东边。包括山西、陕西、宁夏回族自治区、甘肃、河南、青海在内的多个县，总人口达1.12亿人，人口密度为231人/km²。农业人口5 504万人，占总人口49％。

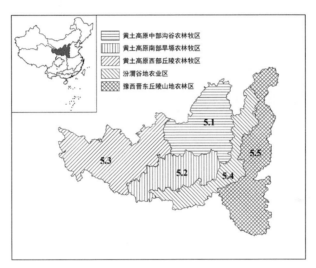

图4-5　黄土高原易旱喜温作物一熟二熟区

二、自然与社会经济条件

本区为低高原，气候温和，属于温带季风气候。黄土高原西部丘陵海拔较高，为1 700～2 600 m，中东部海拔300～1 200 m。本区大于10 ℃积温5 103 ℃，无霜期123～268 d，年均温0～15 ℃，7月平均温度为13～28 ℃，1月平均温度较低，为－14～3 ℃。可为冬小麦以及喜温作物（玉米、谷子等）生长提供热量资源。半干旱是本区自然条件的主要特点，年降水量较少，为186～817 mm，年降水量从西向东整体上呈现出增长趋势，干旱是本区农业生产的最主要限制因素之一。耕地分布于河谷山间盆地和黄土高原的塬、梁、峁地上及豫西丘陵山地地带。全区耕地面积1 844万hm²，占土地面积的27.4％，人均耕地面积0.17 hm²（表4-13）。

表 4-13 5区自然与社会经济条件

区号	海拔 (m)	年均温 (℃)	1月平均温度 (℃)	7月平均温度 (℃)	≥0℃积温 (℃)	≥10℃积温 (℃)	无霜期 (d)	年降水量 (mm)	总人口 (万人)	农业人口 (万人)	粮食总产 (万t)	农村居民人均净收入 (元/人)	人均耕地面积 (hm²)	人均粮食 (kg)	纯化肥 (kg/hm²)	机械动力 (kW/hm²)
5.1	1 000~1 200	8~11	-11~-5	22~24	3 595~4 218	3 151~3 819	172~204	338~516	868.2	398.0	235.2	8 409.3	0.39	270.9	161.5	1.8
5.2	450~840	10~14	-5~0	22~27	3 774~5 230	3 284~4 748	197~246	485~589	1 293.9	673.7	553.6	7 630.9	0.21	427.9	458.8	2.9
5.3	1 700~2 600	2~10	-10~-5	13~23	1 702~4 020	1 013~3 601	129~198	186~612	1 763.1	942.7	686.9	8 678.3	0.22	389.6	190.6	3.8
5.4	300~800	7~15	-7~0	18~28	2 966~5 442	2 394~4 966	186~261	402~737	3 602.3	1 640.9	1 336.5	10 984.3	0.10	371.0	581.5	7.4
5.5	400~1 000	0~15	-14~3	13~27	1 672~5 645	1 057~5 103	123~268	419~818	3 631.7	1 848.7	1 572.9	20 878.6	0.13	433.1	400.1	7.2
全区	300~2 600	0~15	-14~3	13~28	1 672~5 645	1 013~5 103	123~268	186~817	11 159.1	5 504.0	4 385.2	13 532.4	0.17	393	354.5	4.9

土壤以黄土母质发育的黄绵土、黑垆土为主，由于黄土高原土质结构疏松，夏季多暴雨，植被稀缺，人类过度的垦荒、放牧等因素，黄土丘陵水土流失严重，呈现出支离破碎、千沟万壑的地貌特征。

本区经济欠发达。人均耕地面积高于全国平均水平，但人均粮食产量、单位面积化肥施用量、机械动力均低于全国平均水平，农民人均纯收入与全国平均水平相当。农田基本建设较差，多数地区耕作粗放、交通不便，比较贫困，商品经济不发达。

三、耕作制度特点

该区耕地面积约为 1 844 万 hm²，主要以旱地为主（占 99.3%），农业总产值为 3 949 亿元（表 4 - 14）。当前本区以粗放旱作传统小农耕作制为主。降水少、半干旱是本区面临的最大威胁。耕作比较粗放，投入少，广种薄收，粮食单产低。

表 4 - 14 5 区耕作制特征

区号	土地利用结构				耕地结构				农业总产值结构				
	土地面积 （万 hm²）	耕地 （%）	林地 （%）	草地 （%）	耕地面积 （万 hm²）	水田 （%）	旱地 （%）	有效灌溉（%）	农业总产值 （亿元）	种植业 （%）	牧业 （%）	林业 （%）	渔业 （%）
5.1	995.4	35.9	14.7	43.0	77.5	0.2	99.8	13.9	280.2	66.5	5.7	27.6	0.3
5.2	713.0	38.9	21.4	36.1	277.2	0.1	99.9	17.5	547.2	78.6	2.3	18.9	0.2
5.3	1 270.4	31.1	8.6	54.7	394.9	0.7	99.3	19.9	477.5	71.2	2.4	26.3	0.1
5.4	727.6	48.8	22.3	19.8	355.1	1.0	99.0	53.9	1 272.1	69.9	2.9	26.6	0.5
5.5	1 159.2	40.9	32.2	20.7	474.5	1.0	99.0	51.8	1 371.5	62.5	4.3	32.3	0.9
全区	4 825.6	38.2	19.5	36.2	1 844.4	0.7	99.3	35.4	3 948.6	68.4	3.5	27.6	0.6

本区生态脆弱，水蚀、风蚀严重。其中黄土高原沟壑区是我国水土流失最严重地区，侵蚀模数大，处于黄土高原的宁夏、陕西、山西、甘肃水土流失面积均占比较大，这是对区域耕作制可持续性的最大挑战。

四、种植制度

1. 作物布局 以喜温作物为主，粮食作物约占 61%，经济作物少，只占22%。粮食作物中喜凉作物已不占压倒优势，小麦约占 22%，莜麦、青稞、胡麻等喜凉作物已很少见，而喜温的玉米、谷糜、高粱大致已占总播种面积的一半，是我国谷糜、高粱集中产业（表 4 - 15）。经济作物少，主要为油料作物，有胡麻、向日葵、油菜等。在作物分布上，向南则小麦比重逐渐增加，冬小麦取代了春小麦，陇东、渭北主产冬小麦。在丘陵山区作物的垂直分布情况为下部川水地或阶段多玉米，稍靠上的坡地多谷子，中上部则多小麦、马铃薯。作物单产属中下水平，增产有一定潜力。

表 4-15　5 区种植制度

区号	播种面积（万 hm²）	粮食作物（%）								经济作物（%）						种植指数（%）
		水稻	小麦	玉米	高粱	谷子	杂粮	杂豆	薯类	大豆	花生	油菜	棉花	烟草	蔬菜	
5.1	126	0.2	2.6	32.0	0.8	8.3	4.4	3.7	16.8	9.1	1.0	0.1	0.2	0.2	5.6	52.6
5.2	193	0.1	28.7	26.2	0.2	0.3	3.4	0.6	6.8	3.6	0.4	5.3	1.2	0.5	22.6	99.4
5.3	301	0.2	14.3	22.1	—	0.5	3.1	1.6	18.2	—	4.0	—	—	14.2	108.7
5.4	567	0.1	22.3	24.2	0.1	0.5	3.1	0.9	2.0	2.4	0.1	0.6	0.3	0.1	16.0	128.0
5.5	406	0.8	25.6	34.2	0.6	0.9	0.7	0.9	3.5	6.5	2.0	0.7	1.7	10.0	122.1
全区	1 592	0.3	22.0	27.2	0.1	1.4	1.5	1.0	7.1	3.0	1.8	2.1	0.4	0.5	14.1	123.3

2. 复种　本区全年休闲已很少，在陕北等地有少量分布，但在渭北、晋东南、陇东等地冬小麦后的夏闲面积甚大。由于大部地区麦后不能复种生育期较长的作物。但是，本区南段冬小麦收获为 6 月下旬至 7 月上旬，春小麦收获期为 7 月中下旬左右，麦后尚有 2～3 个月的生长期，在水分条件允许的水浇地或半湿润区可以填闲种植生育期短的作物，例如谷糜、荞麦或蔬菜等，或者组成二年三熟（如冬小麦—谷糜→春玉米），或三年四熟（冬小麦→冬小麦—谷糜→春玉米）。热量是限制本区复种发展的主要因素，水分不足也是重要原因。

3. 间套作　由于作为间作的主干作物玉米以及热水肥等条件适宜，有一些套作。主要间作类型有：①玉米（高粱）‖大豆，平川地以玉米或高粱为主，玉米间大豆的比例常为玉米行数多于大豆行数，而在山坡地上则大豆比例增加（山西、冀北、陇东）。②玉米‖马铃薯，分别于冀北、山西、陕北、渭北等旱地上，带距 2 m，行比常为 2∶2。③其他旱地类型：如玉米‖高粱、玉米（高粱）‖谷子（长城沿线、晋东）、糜子混小豆（陇东）。

4. 轮连作　北部换茬轮作较多，其原因是：作物种类多，有可能进行轮换；连作时燕麦等杂草危害严重；生产水平低，施肥少，适当的换茬对产量仍是有利的。较好的茬口是豆类作物（豌豆、扁豆、蚕豆）、马铃薯（一般施肥）和休闲。多实行不规则的作物换茬与连茬。

5. 种植模式

水浇地：

　　　　春玉米→春玉米

　　　　冬小麦—夏闲→冬小麦—夏闲

　　　　冬小麦→冬小麦—夏谷（夏玉米）

冬小麦—夏谷→春玉米

冬小麦‖春玉米—冬小麦‖春玉米

春小麦→春小麦→春玉米‖大豆

旱地：

春玉米‖大豆→谷子（糜子）→春玉米‖大豆→高粱

谷子（糜子）→豌豆

马铃薯→春小麦→马铃薯→莜麦→休闲

马铃薯→莜麦→豌豆（向日葵）

春油菜→向日葵→休闲

青饲玉米→青饲玉米→休闲

五、养地制度

本区生态十分脆弱，由于人口增加，滥垦、滥牧、滥伐的现象甚为普遍。黄土母质疏松，植被稀疏，坡梁地比例大，雨量集中，是造成水土流失的主要原因。人类对自然的不合理利用与土地的过度开垦也起了破坏作用。本区是我国水土流失最严重的地区，同时也是黄河泥沙的主要来源。新中国成立以来，梯田、坝地等的修建、造林起了一定作用，但水土流失仍将是长期问题。解决的途径主要是增加土地的植被覆盖率，包括在年降水量 500 mm 以上或有局部集水的地方营造水土保持防护林；在年降水量 400～500 mm 的坡地上种植灌木、牧草或封山育草；修建水平梯田、水平沟、坝地、基本农田等工程；采用保土耕作、残茬覆盖、农林间作等措施。植树种草、生态保护的各项措施必须与农民的经济利益息息相关，吸收农民积极参与，以求生态与经济效益的统一。

六、亚区

（一）黄土高原中部沟谷农林牧区（5.1 区）

本区包括环县—静宁—漳县一线以东的黄土高原部分，包括晋西陕北等丘陵沟壑与塬地。土地总面积 995 hm²，耕地面积 78 万 hm²，人均耕地面积 0.39 hm²。海拔 1 000～1 200 m，纬度较低、温度较高，7 月平均气温达 22～24 ℃，年降水量 338～516 mm，但仍为易旱地区。旱地占绝大部分，有效灌溉极少（13.9%）。

耕作制以旱地粗放一熟为主兼生态保护耕作制。已可种植冬小麦，但种植面积极少，多玉米、谷子、高粱等喜温作物，川水地也有在麦后填闲种植谷糜或套种早熟玉米。这里水土流失十分严重，属重灾区。黄土丘陵坡耕地耕作较粗放，单产水平很低。草场零碎，散布在黄土沟坡上。农村经济十分落后，农民人均年收入 8 409 元，人均粮食 271 kg。生态、经济、粮食问题都较严重。

（二）黄土高原南部旱塬农林牧区（5.2 区）

本区包括渭北旱塬、陇东的庆阳、平凉大部分地区以及天水地区，土地总面积 713 万 hm^2，多数为黄土塬地。耕地面积 277 万 hm^2，人均耕地面积 0.21 hm^2，海拔 450～840 m，土地与热水条件较好，无霜期 197～246 d，年降水量 485～589 mm，为半湿润地区。

耕作制以旱地雨养一熟兼两年三熟农牧混合制为主体，还有苹果园制。种植制度的特点是：一年一熟为主。冬小麦比重大，占总播种面积的 41.1%，其次为玉米、薯类，经济作物以油菜为主。麦后可填闲种植生育期较短的作物（如：谷、糜、荞麦），实行三年四作，盛行夏闲制。因塬地多，土地较平坦，故水蚀与风蚀都较轻。今后要利用较好的自然条件，促使耕作制向特色化、商品化、现代化方向发展，并与二三产业相结合，发展农村经济。

（三）黄土高原西部丘陵农林牧区（5.3 区）

本区分布于日月山以东、六盘山以西、乌鞘岭以南的黄土高原西部以丘陵为特征的土地上。耕地面积 395 万 hm^2，人均耕地面积 0.22 hm^2。海拔 1 700～2 600 m，年均温 2～10 ℃，1 月均温为 −10～−5 ℃，7 月均温为 13～23 ℃，无霜期 129～198 d，年降水量 186～612 mm，变频大，蒸发强，干燥度大，旱害严重。这里坡大沟深，水土流失也更严重。

本区主要耕作制是旱地粗放自给耕作制，有少量灌溉一熟制。作物是春小麦、玉米、薯类、油料作物、杂粮、杂豆等。本区历史上为缺粮贫区，尤以陇中更甚，近年来已有很大改善，农民人均净收入达到 8 678 元/人，但仍低于全国平均水平，人均粮食 390 kg。

（四）汾渭谷地农业区（5.4 区）

本区位于汾渭河下游冲积平原和阶地，土地总面积 728 万 hm^2，耕地面积 355 万 hm^2，人均耕地面积 0.1 hm^2。这里海拔 300～800 m，多陡坡，山区面积占 80%～90%，山间盆地、河谷平川山地只占 10%。本亚区人均粮食 371 kg、人均年收入 10 984 元。干旱是作物生产的主要威胁，年降水量 402～737 mm，目前水浇地已占耕地的 53.9%。

本区主体耕作制是水浇地两熟集约农牧混合制。实行小麦—玉米或小麦/玉米两熟。旱地或旱塬上则以雨养两熟或一熟农牧混合制为主，多在麦收后实行夏闲或两年三熟。经济作物中有油菜、棉花、蔬菜等。棉花播种面积少，大部分一年一熟，少量实行麦棉套种，关中秋雨多，往往影响棉花品质。

（五）豫西晋东丘陵山地农林区（5.5 区）

本区包括山西东部和河南西部的部分地区。土地总面积 1 159 万 hm^2，耕地面积 475 万 hm²，人均耕地面积 0.13 hm²，水浇地占 51.8%，海拔 400～1 000 m。本区大于 0 ℃积温 1 672～5 646 ℃，大于 10 ℃积温 1 057～5 103 ℃，年降水量419～818 mm，1 月平均温度－14～3 ℃。

耕作制以雨养一熟粗放制与水浇地二熟集约制为主。作物以玉米、小麦为主，薯类次之。麦田多实行两熟制。因地势不同作物结构与复种各异，河川地大部为小麦/玉米一年二熟；丘陵地山为小麦—夏玉米（谷子）→春玉米二年三熟；中山区则多为冬小麦、玉米、谷子、马铃薯、荞麦等一年一熟或马铃薯/玉米。今后，要进一步加强农田基本建设与生产条件改善，保护生态，逐步发展农村经济，改变粗放自给耕作制为集约商品耕作制。

第六节　黄淮海平原丘陵灌溉农作二熟区

一、范围

该区位于我国东部，东达黄海、渤海，西至太行山-伏牛山，北以长城为界，南至淮河。包括黄河、海河和淮河流域中下游的北京大部、天津全部、河北大部、河南东部、山东全部、江苏和安徽北部（图 4 - 6）。本区土地面积 4 510 万 hm²，约占全国土地面积的 4.18%，垦殖率达 53.13%，在全国各区中最高。该区共有耕地面积 3 025 万 hm²，是我国主要的农区之一。该地区地形以平原为主，主体部分为我国最大的黄淮海平原，在东部地区分布有鲁中丘陵山区。

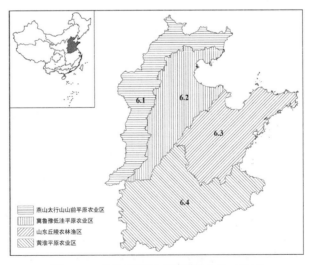

图 4 - 6　黄淮海平原丘陵灌溉农作二熟区

二、自然与社会经济条件

全区除了鲁中丘陵山区之外，其余地区地势低而平坦，广阔的黄淮海平原海拔均在 100 m 以下，坡降只有万分之一。

全区气候温和，属于半湿润暖温带。年平均气温在 6～16 ℃，最冷月平均温度为 -7～2 ℃，最热月平均温度 18～28 ℃，大于 0 ℃积温 2 903～5 714 ℃，大于 10 ℃积温 2 412～5 174 ℃，全年无霜期 187～262 d，热量适合一年两熟。年降水量在 463～1 106 mm，干燥度为 1.0～2.9，南北部的干燥度差异较大，黄河以北明显干燥于黄河以南地区（刘志娟，2011）。降水由南向北逐步减少，黄河以南年降水量为 563～1 106 mm，黄河以北为 463～675 mm，60%～70% 的降水集中在夏季，春旱夏涝。黄淮平原年降水量在 611～1 106 mm，雨水分布相对均匀，常发生伏旱（表 4 - 16）。

黄淮海平原的主要土壤是潮土、褐土，土地平坦，土层深厚，土质沙黏中等，适宜耕作。黄淮海平原大部分都是潮土；皖北、豫东南有较大面积的砂姜黑土；太行山-燕山山前平原主要是褐土；鲁中丘陵为棕壤和褐土交叉分布；胶东半岛主要是棕壤；河流故道多为沙土；渤海湾和莱州湾沿岸地区多滨海盐土和滨海潮滩盐土，但是经过大规模的综合治理，耕地中的盐渍土面积大幅度减少。历史上经常出现的旱涝碱瘠薄的危害已经大为减轻。

天然植被为温带落叶阔叶林、温带落叶灌草丛以及低地草甸，经过长期的人工开垦，大部分自然植被都被人工植被替代。林木零星分布在平原、山地以及平原的农田防护林。本地区的水资源总体上较为紧张。虽有全国 17.1% 的耕地，但京、津、冀、鲁、豫五省市的水资源量，仅占全国的 3.3%，人均水资源占有量只有 227 m³，为全国平均水平的 14%（水资源公报，2018）。平原地区的地下水资源分布较广，是该地区农业灌溉水的重要来源，利用地下水进行灌溉十分普遍，但是黄河以北的地下水较黄河以南较少且水位较深。地表水资源主要来自域内河流，河南、山东有大面积的引黄灌区，皖北、苏北、鲁西南等地区降水相对较多，地上河流相对丰富，存在一定比例的地表水灌溉。1949 年以来，灌溉面积成十倍增加，水资源开采严重，尤其是大量的地下水开采，造成该地区地下水位快速下降，形成了世界上最大的地下水漏斗区，造成了严重的生态环境问题。随着国家"轮作休耕"政策的出台、节水种植技术的大力发展以及该地区种植业结构的合理调整，该地区水资源压力有所降低，但仍然是农业生产中的重要短板，需要在接下来的时间里持续关注。

本区地处我国的中原心脏地带，是全国工业、农业的重要基地。该地区整体经济较为发达，有京津冀城市群以及石家庄、济南、郑州等城市以及天津、青岛、烟台、连云港和秦皇岛等重要港口。该区地理位置十分重要，交通发达，

表 4-16　6 区自然与社会经济条件

区号	海拔 (m)	年均温 (℃)	1月平均温度 (℃)	7月平均温度 (℃)	≥0℃积温 (℃)	≥10℃积温 (℃)	无霜期 (d)	年降水量 (mm)	总人口 (万人)	农业人口 (万人)	粮食总产 (万 t)	农村居民人均净收入 (元/人)	人均耕地面积 (hm²)	人均粮食 (kg)	纯化肥 (kg/hm²)	机械动力 (kW/hm²)
6.1	40~100	11~15	-6~0	25~28	4364~5458	3980~4972	206~250	500~675	6877.5	2917.0	2726.1	15680.7	0.07	396.4	543.4	15.7
6.2	0~30	11~14	-2~-5	25~27	4497~5147	4125~4762	217~237	463~578	6181.6	2660.7	4144.3	13150.3	0.12	670.4	580.6	11.2
6.3	0~60	6~15	-7~0	18~28	2903~5532	2412~5071	187~254	563~1023	6553.7	2817.4	2790.5	12361.5	0.10	425.8	837.6	11.6
6.4	0~70	14~16	0~2	27~28	5204~5714	4697~5174	245~262	611~1106	12847.2	6021.8	8030.3	16931.6	0.09	625.1	680.1	11.9
全区	0~100	6~16	-7~2	18~28	2903~5714	2412~5174	187~262	463~1106	32460.0	14417.0	17691.2	15246.3	0.09	545	667.7	12.3

域内有京沪、京九、京广、陇海等多条纵贯南北、连接东西的交通要道；北京、天津、郑州、石家庄、徐州等重要的交通枢纽也位于该区域内。该地区人口众多，是全国人口密度最大的地方。总人口数为 32 460 万人，占全国人口总数的 23.4%，人口密度为 720 人/km²，远远高于全国其他地区，在全国 11 个大区中位列第一。同时，该地区农业人口占比也较高，全区农业人口数为 14 417 万人，占该地区人口的 44.4%，位居全国第六；本地区是典型的人多地少地区，人均耕地面积仅有 0.09 hm²。

本区是我国最大的农区，在我国农业生产中占据重要地位。虽然土地面积仅占全国的 4.18%，但是全国 17.1% 的耕地、23.3% 的农业人口均在该区，全区农业总产值占全国的 24.3%，粮食产量占 27.0%。该区大部分地区仍旧处于传统耕作制阶段，近年来，随着土地流转、机械化程度提高等原因，部分地区逐步转变为现代耕作制，且持续发展。该地区农民的人均净收入为 15 246 元，整个区域较为平衡，在全国 11 个大区中位居第一。

三、耕作制度特点

当前实行半集约半商品的传统耕作制，是我国重要的粮油与猪牛生产基地，该地区传统上属于我国重要的棉花生产基地，随着全国棉花生产布局改变，本区棉花生产逐步萎缩，2015 年的棉花种植面积仅占总播种面积的 3.1%，棉花种植主要集中在沿海地区的盐渍土地上，棉花种植面积不断下降，成为仅次于甘新区的第二大棉区，产量占全国的 25%，虽然仍旧是我国重要的棉花生产基地，但棉花已经不再是该地区的主要作物。在全国的 11 个农作区中，本区是最重要的农区。人口（32 460 万人）、农业人口（14 417 万人）、粮食总产量（17 691 万 t）均为全国第一。粮食产量占全国的 27%。该区以灌溉农业为主，主要的熟制是一年两熟制，高投入、高产出、较高效益是该地区农业生产的主要特征。该区主要耕地类型是水浇地，全区耕地的有效灌溉面积占比达到 72.5%，只有在南部年降水量在 700～800 mm 的地方（淮河北岸部分地区）存在一定的雨养农业，雨养旱地分布在水分条件较差的地区，水田面积占全区耕地的 6.1%，主要分布在皖北、苏北和鲁西南部分地区。本区虽然粮食总产量大，但同时人口也多，人均粮食拥有量 545 kg，在全国排名第四，高于全国平均水平；由于该地区人城市多、人口多、粮食消费量大，本地区农产品有出有入，基本处于平衡状态，可向全国供应部分农作物。

本区是一个纯农区，是我国最主要的冬小麦、夏玉米种植地区，冬小麦-夏玉米一年两熟是该地区最主要的种植模式，基本上无牧区、无林区。耕地面积为 3 025 万 hm²，占土地面积的 67.1%；林地占 6.6%，主要是农田防护林和果园，主要分布在鲁中丘陵和胶东半岛；草地面积占 6.4%，呈零星分布状态。本区的农业总产值 16 400 亿元，位居全国第一，占全国的 24.3%；农业产值中，种植业占 60.1%，牧业占 1.8%，渔业占 6.6%，是全国第二大渔业区，农牧结合是该区耕作制的重要特点（表 4 - 17）。本区东临渤海和黄海，是外向型农业的潜力地带。

表 4 - 17　6 区耕作制特征

区号	土地利用结构				耕地结构				农业总产值结构				
	土地面积	耕地	林地	草地	耕地面积	水田	旱地	有效灌溉	农业总产值	种植业	牧业	林业	渔业
	（万 hm²）	（%）	（%）	（%）	（万 hm²）	（%）	（%）	（%）	（亿元）	（%）	（%）	（%）	（%）
6.1	919.2	51.5	17.1	15.4	473.5	2.8	97.2	90.0	2 814.7	57.9	1.5	38.7	1.8
6.2	968.1	76.1	0.5	0.6	737.1	4.8	95.2	69.4	3 423.3	63.4	1.2	31.1	4.2
6.3	1 055.6	60.5	8.9	11.9	638.3	1.7	98.3	48.3	4 072.7	55.2	1.6	28.4	14.8
6.4	1 566.7	75.1	2.7	1.1	1 176.0	10.8	89.2	82.0	6 089.4	62.6	2.3	30.3	4.8
全区	4 509.6	67.1	6.6	6.4	3 024.8	6.1	93.9	72.5	16 400.2	60.1	1.8	31.5	6.6

新中国成立以来，经过 70 余年的发展，该区的粮食生产环境得到极大改善，治土、治水、治风沙、治盐碱、治瘠薄、治旱涝等长时间、大范围的治理工程，大幅度提高了该区的农业生产能力，使得耕作制由粗放低效逐步转向精细持续发展。同时，水资源是本区农业持续发展的基础，由于灌溉面积大幅度增加，水资源紧缺日益严重，大量地下水开采造成的地下水位下降等问题十分突出，如何降低该地区水资源的消耗，提高水资源利用效率同时保证粮食生产能力基本不受影响，是该区未来耕作制度发展的核心问题。

四、种植制度

1. 作物布局　本区主要的作物为冬小麦、夏玉米，两种作物播种面积占到该地区作物的 66.7%，也是这两种作物全国的主要产区，此外，本区的花生产量占全国的 53.5%、蔬菜、大豆等作物在全国生产中也占有重要地位（表 4 - 18）。小麦种植面积和产量均为全国第一，远高于全国其他农作区，其种植面积为全国的 57.4%，产量为全国的 63.7%。大豆和玉米的种植面积和产量仅次于东北农作区，居全国第二位，其中玉米种植面积占全国的 26.4%。经济作物在该区生产中具有十分重要的地位，2015 年经济作物占该区总面积的 23.3%，花生、蔬菜、芝麻、棉花等居于全国前列。花生种植面积超过全国一半；河南是我国第一大芝麻生产省份，芝麻产量占全国产量的 40%；该区原是我国第二大烟草产区，近年来随着北方烟草种植面积的减少，烟草产量仅有全国的 4.3％，不再是我国重要的烟草产区；蔬菜面积和产量也位居全国第一。本区生产了全国 63.7％ 的小麦、53.5％ 的花生、33.1％ 的蔬菜、26.2％ 的玉米、25.0％ 的棉花和 17.7％ 的大豆，也是全国第三大谷子和薯类产地。综合来看，本区的农业生产能力位居全国第一，是我国最重要的粮食生产基地。

表 4－18　6 区种植制度

| 区号 | 播种面积（万 hm²） | 粮食作物（％） | | | | | | | | 经济作物（％） | | | | | | 种植指数（％） |
		水稻	小麦	玉米	高粱	谷子	杂粮	杂豆	薯类	大豆	花生	油菜	棉花	烟草	蔬菜	
6.1	485	0.4	35.8	41.3	0.3	1.4	0.1	0.2	2.1	1.2	5.3	0.3	1.5	0.1	9.3	146.3
6.2	807	1.8	36.3	36.5	0.1	0.5	—	0.1	0.5	1.2	3.8	0.1	7.4	—	10.1	156.4
6.3	597	1.1	34.2	33.1	0.1	0.3		0.1	0.6	1.2	10.5	0.1	2.0	0.4	15.3	133.6
6.4	1 703	7.1	38.5	22.2	—		0.3	0.1	1.5	4.8	4.7	0.1	1.9	0.3	13.3	206.9
全区	3 592	4.0	36.9	29.7	0.1	0.3	0.2	0.2	1.2	2.9	5.6	0.5	3.1	0.2	12.4	169.6

2. 复种　20 世纪上半叶，多两年三熟制。新中国成立以后，随着水肥条件的改善和农业生产技术和品种改良等多种因素的共同作用，一年两熟制逐步增加；本区的热量条件为粮田的一年两熟提供了可能，但是由于降水偏少，少数丘岗地、黄河以北的棉花、花生地上仍旧存在一年一熟和两年三熟，有灌溉条件的水浇地和黄河以南的水旱地均可一年两熟。构成该地区两熟制的上茬作物主要是冬小麦，极少数为大麦和油菜，下茬作物以夏玉米居多，其次为花生、大豆、水稻、甘薯、谷子，也有部分芝麻。麦田两熟面积居于国内之首。经济作物中，棉花在黄河以北地区为一年一熟居多，黄河以南则主要是麦套两熟；花生分布于丘陵坡地和沙土上，过去以一熟居多，近年来麦套两熟花生面积逐步增加。城郊农业和设施蔬菜生产中，每年的收获次数在 3 次以上，粮—菜、粮—瓜以及饲料生产等均在发展中。此外，在部分地区因干旱等多种原因，仍旧存在一年一熟的玉米或者甘薯种植。

3. 间套作　未来充分利用生产时间和热量资源，本区存在一定面积的套作，过去以小麦/玉米为主，现已经基本消失，目前本区的主要套作为小麦/花生，主要分布在河南。此外由部分麦棉套作，分布在黄河以南的豫东南、鲁西北和苏北等地。本区间作面积少于套作，一般小麦、玉米、大豆、水稻、棉花等均为单作。少部分地区存在玉米间作豆类（大豆为主）、也有马铃薯间作玉米、玉米间作甘薯、甘薯间作花生、泡桐间作粮食或者大豆、果树间作粮食或者豆类，混作在建国之前较多，目前已经基本不存在。由于当前间套作的机械化难度较大，不利于大规模机械化作业，比较效益较低，因此本区的间套作面积不断减少，目前只零星分布在部分地区和部分作物的生产中。

4. 轮连作 本区主要作物，小麦、玉米、花生、水稻、大豆、棉花等均实行连作或者两熟连作，尤其在生产力较高的水浇地和水田上，连作占有绝对优势。生产力水平较低的旱薄地上实行换茬轮作或者自由轮作较多。随着生产条件的改善、施肥量的增加，轮作在调整土壤肥力上的作用逐步降低，作物轮换与否主要决定于前后茬病虫害及茬口衔接关系。绿肥在本区内没有种植，在旱薄地上，豆科作物的养地尚起一定作用，在生产水平较高的水浇地上，已经不再依靠豆科作物增加土壤中的氮素水平。对于某些连作障碍较为严重的蔬菜、经济作物（花生和芝麻等）轮作仍旧不可替代。

5. 主要的种植模式

水田：

中稻→中稻

冬小麦（冬油菜)—晚稻

水浇地：

冬小麦—夏玉米

冬小麦—夏花生

冬小麦—夏大豆

旱地：

冬小麦→夏大豆（甘薯、谷子、花生、芝麻）

春玉米‖大豆→春玉米

冬小麦→夏闲

棉花→棉花

春玉米‖豆类→高粱（谷子)→春甘薯（花生）

春花生→春甘薯→春芝麻→麦/花生→春甘薯

五、养地制度

新中国成立以前，黄淮海平原以旱涝、盐碱、瘠薄、贫穷而闻名，新中国成立以来，通过对黄河、海河和淮河的综合治理，灌溉面积增加，旱涝灾害大幅度减少；通过黄淮海平原综合治理，盐碱地面积也大幅缩小；同时水肥投入大量增加，农田物质循环扩大，生产环境得到改善，生产能力有了大幅度提升，为该地区成为我国重要的商品粮基地、促进农业可持续发展奠定了重要基础。该区的发展经验表明，在人类的干预下，采取合理有效的生产技术和生产模式，农业的集约化和可持续化在一定程度上是可以同步实现的。

虽然该区在农业生产上取得了长足的进步，但生态环境方面仍旧存在一些问题，需要在接下来采取合理措施进一步改善。许多农田水利设施需要配套整修和继续治理，本区大部分地区虽已经具备灌溉条件，灌溉方式仍旧较为原始，机械化程度较低；淮北部分地区仍旧存在农田渍涝问题，需要建设田间排水设施；大部分地区水资源较为紧缺，地下水位下降严重，形成了世界上最大的地下水漏斗区，黑龙港地区该问题最为突出，需要通过南水北调、发展节水农业、调整种植结构等多种措施来改善这一现状（杨丽芝，2013；黄锋，2019）；大部分地区氮素投入水平较高，加之灌溉充足，造成相当一部分氮素通过淋洗进入地下水，造成了地下水污染（Miao，2011；汪新颖，2014；倪玉雪，2013），肥料的过量投入增加了该地区温室气体排放（马银丽，2012），接下来需要进一步优化作物生产中的水肥管理，提高水肥资源利用效率，减少对环境造成的不利影响；华北的砂姜黑土有效肥力较低，需要进一步改善；沿海部分地区盐渍土地的利用率较低；丘陵山区仍旧存在水土流失问题，且坡岗地的生产能力较低。上述问题的存在，阻碍了该区农业的高效、绿色可持续发展，如何通过技术手段科学合理地解决这些问题，是未来该区耕作制的重要研究方向。

六、亚区

（一）燕山太行山山前平原农业区（6.1区）

本区主要包括燕山南侧、太行山东侧的由南向北、自西向东的长条山前平原地带和部分山地，土地总面积919万 hm²，耕地面积474万 hm²，人均耕地面积0.07 hm²。人口密度较大，劳动力富裕。京广铁路贯穿南北，交通发达，域内有北京、石家庄等大城市，经济条件较好。灌溉水平较高，有效灌溉面积占耕地总面积的90%，有精耕细作的传统。

该区的主体耕作制是水浇地二熟集约农牧制。本区是我国北方历史上著名的高产区，如石家庄、唐山、安阳、新乡等地区是重要的小麦、玉米商品基地。平原地区基本为一年两熟，小部分山地则一年一熟或两年三熟。种植制度以冬小麦—夏玉米一年两熟为主，过去以麦套玉米为主，近年来逐步发展为接茬种植，本亚区是全国所有亚区中单位面积农业机械动力最高的地区，农业机械化程度较高。

（二）冀鲁豫低洼平原农业区（6.2区）

本区位于黄河以北、太行山—燕山山前平原以南地区，包括天津大部、河北省廊坊市（除北三县）、沧州、衡水两市全部，邢台、邯郸两市东部，保定市的雄县、安新县（现为雄安新区）和高阳三县，河南省的濮阳市、安阳和新乡两市东部以及山东省黄河以北地区。总面积968万 hm²，耕地面积737万 hm²，人均耕地面积0.12 hm²，是黄淮海农作物人均耕地面积最大的地区，也是全国垦殖率最高的亚区；热量条件可以满足小麦—玉米一年两熟（大于 10 ℃积温 4 125～4 762 ℃）。本亚区农业生产中最大的问题是水资源短缺，区域内年降水量较少，只有 463～578 mm，地表水少，缺乏较大的河流，地下水位深且多盐碱，农业生产中大量开采地下水进行灌溉，是地下水下降最为严重地区。本亚区地势低洼，历史上极易形成涝害，经过多年的综合治理，涝害问题得到极大改善，但水资源短缺问题仍旧十分严重。耕作制以水浇地二熟为主，兼有部分旱地一熟。该地区小麦—玉米生产仍旧占据主导地位，与该地区的水资源现状不相匹配，加剧了该区的水资源短缺问题。如何协调该区农业生产中的水资源问题，发展节水耕作制、调整种植结构是该区耕作制的重要发展方向。

（三）山东丘陵农林渔区（6.3 区）

本区全部位于山东境内，包括山东省黄河以南，除菏泽市、济宁市东部和泰安市东平县之外的全部区域，包括鲁中丘陵山区和胶东半岛，总面积 1 056 万 hm²，耕地面积 638 万 hm²，人口 6 554 万人，人均耕地面积 0.10 hm²。大于 0 ℃积温为 2 903～5 532 ℃，大于 10 ℃积温为 2 412～5 071 ℃，年降水量 563～1 023 mm，水热条件有利于多种作物种植。水资源状况较好，部分地区可以引黄灌溉，但因为中部位于鲁中山区，灌溉条件较差，整个亚区总体灌溉面积仅占全部耕地面积的 48.3%，灌溉水平较低。

耕作制以水浇地二熟集约农牧制为主，兼有旱坡地雨养二熟制度，胶东半岛生产蔬菜、水果和花生，是我国最主要的花生生产地区，花生种植面积在全国所有亚区中位居首位，占到全亚区种植面积的 1/10，同时是重要的渔业生产基地。粮田基本以小麦—玉米一年两熟为主。

（四）黄淮平原农业区（6.4 区）

本区位于伏牛山以东、淮河以北、黄河以南的广大平原地带，地跨河南、山东、安徽、江苏四省。土地总面积 1 567 万 hm²，耕地面积 1 176 万 hm²，是全国所有亚区中耕地面积最大的，总人口超过 1 亿人，人均耕地面积 0.09 hm²。大于 10 ℃积温 4 697～5 174 ℃，年降水量 611～1 106 mm，水分条件好于干旱的北方，光照条件优于南方；土壤多为潮土，皖北和豫东南地区有大面积砂姜黑土；地下水位 2～8 m，水资源丰富。在全国所有亚区中，该亚区粮食生产能力居首位，是我国重要的粮食生产基地。

耕作制以水浇地两熟和旱地雨养两熟为主，存在部分的水田两熟和少量的旱地雨养一熟。本亚区种植的主要作物有小麦（38.5%）、玉米（22.2%）、水稻（7.1%）、大豆（4.8%）、花生（4.7%）；基本是一年两熟，种植指数为 206.9%，是黄淮海农作区中种植指数最大的地区，在全国所有亚区中位列第三。该区的主要种植模式有小麦—玉米一年两熟，主要分布在中北部、小麦—水稻一年两熟，主要分布苏北、皖北和豫东南地区，小麦—大豆一年两熟，主要分布在皖北地区。本区的粮食生产能力较强，人均粮食拥有量较大达 625 kg。

本区的耕地面积是全国所有亚区中最大的，加之自然条件较为优越，农业生产的基础设施也较为完善，是我国重要的粮食生产地区。未来，进一步加强该亚区农业生产基础设施建设，加快培育新型生产经营主体，继续提升该地区农业生产能力，持续提高农业机械化、信息化和现代化水平，不断增强农业生产能力，保持农业高产高效可持续，尽快实现传统耕作制向现代耕作制的转变，不断巩固和加强该亚区的农业生产能力。

第七节　西南山地丘陵旱地水田二熟区

一、范围

该区地处我国西南，是围绕四川盆地的中高原山地。北起秦岭南麓，南至西双版纳北界，西界青藏高原，东至巫山、武陵山。包括秦巴山地、渝鄂黔湘浅山地、川滇黔高原山地区、云贵高原与贵州高原（图 4 - 7）。本区总土地面积 7 265 万 hm²，占全国的 7.8%，耕地面积 1 611 万 hm²，垦殖率 17%。这是一个中等海拔的高原山地，全区 95% 的面积是丘陵、山地和高原，属全国十一个农作区中山地比例最多的地区，河谷平原和山间盆地只占 5%。一般海拔 300～2 500 m，最高的超过 4 000 m，比江南丘陵山地高得多。西北高，东南低，相对高差一般在 200～500 m，高原上丘陵、山地、盆地相同，耕地主要分布于 500～2 000 m 处的平坝、川地以及丘陵山区坡地上。一般平坝及丘陵低处为水田、丘陵山区上部坡地为旱地，水旱交错，农业立体性强。

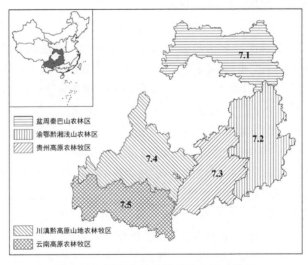

图 4 - 7　西南山地丘陵旱地水田二熟区

二、自然与社会经济条件

本区与太平洋、印度洋的距离大致相等，兼受两个大洋的气流影响，纬度较低，南部接近北回归线，北部有秦岭大巴山阻挡寒潮侵袭，故热量条件较好，属低热的北亚热带范围。但温度变幅大，年平均温度 8～22 ℃，大于 10 ℃ 的积温 2 824～7 819 ℃，积温并不算高，但高原气候的特点是冬暖夏凉、无霜期长达 182～365 d。冬季温度在 0 ℃ 以上，1 月均温为 −4～15 ℃，年极端最低气温平均多数在 −6～−3 ℃，因此许多北亚热带乔木能安全越冬，如油茶、茶、乌桕，甚至中亚热带的柑橘也可分布到秦巴山间的汉水谷地上（表 4-19）。由此，也有人主张将这类区划为中亚热带。年降水量 622～1 728 mm，属湿润气候。贵州高原中部雨量分布较均匀，为全年湿润区，川鄂湘黔边界丘陵冬春湿润有伏旱，川西高原与云南高原干湿季节明显，冬春干夏秋湿。

气候垂直差异巨大。同一个地方从上到下可由中温带—暖温带—北亚热带—中亚热带到南亚热带。本区大部分属亚热带常绿阔叶林黄壤红壤地带，只有秦巴山地与汉水河谷属北亚热带常绿阔叶林与落叶阔叶混交林黄棕壤地带。非地带性土壤有石灰岩区的石灰性土壤与紫色沙质区的紫色土，平坝区河谷则为水稻土。土壤肥力不高，酸、黏、瘦、薄、冷、烂等低产土壤面积约占 1/3。岩溶地区（贵州云南为主）奇峰林立，但不易蓄水、易旱，是农业生产的重要威胁。

总人口 12 629 万人，人口密度为 174 人/km²，农业人口 6 739 万人，西南高原是一个多民族聚居、交通闭塞、生产水平低的贫困地区。本区农村居民人均年净收入 8 644 元，粮食总产 4 457 万 t，人均粮食 353 kg（表 4-19）。生产条件差，有效灌溉面积只占 30.9%，每公顷平均农业机械动力 4.5 kW，每公顷耕地年均施化肥（纯）332 kg，均低于全国平均水平。

三、耕作制度特点

本区多属于山区农林混合自给性传统耕作制类型，从原始型到粗放型，部分为半集约型，属于一个庞大的山区边缘农业带。农户规模小，土地分散，交通不便，是一个相对封闭的系统，以自然为主，人工为辅，生产力水平低，自给性经济仍占较大比重，商品少。有些闭塞的深山老林几乎呈与世隔绝的状态。除部分平坝地区耕作较为集约外，大量山坡旱地实行粗放耕作制，土层薄，人工投入少，生产条件差，装备水平低，农业生产能力低。生态环境恶劣，水土流失较重。

耕作制的特点是农林牧混合。耕地面积 1 611 万 hm²，占土地面积 22.2%，林地占 54.0%，草地占 22.1%，大面积连片草地少（表 4-20）。耕地面积中，旱地占比 69.1%，水田占比 30.9%。全区农业总产值 4 524 亿元，尽管是一个山区，但在当前农业活动中，不是林业而是种植业为主体，农业产

表4-19 7区自然与社会经济条件

区号	海拔 (m)	年均温 (℃)	1月平均温度 (℃)	7月平均温度 (℃)	≥0℃积温 (℃)	≥10℃积温 (℃)	无霜期 (d)	年降水量 (mm)	总人口 (万人)	农业人口 (万人)	粮食总产 (万t)	农村居民人均净收入 (元/人)	人均耕地面积 (hm²)	人均粮食 (kg)	纯化肥 (kg/hm²)	机械动力 (kW/hm²)
7.1	290~1000	8~17	-4~6	20~27	2269~6216	2824~5576	182~309	622~1242	1829.2	857.6	650.2	7697.6	0.19	355.5	235.6	3.0
7.2	300~1000	13~19	2~8	23~28	4785~6765	4146~6312	248~263	1059~1728	3013.1	1450.6	1124.9	7723.7	0.10	373.3	467.4	5.6
7.3	800~1300	14~20	3~10	21~28	5131~7263	4588~6984	285~362	922~1408	3012.9	1747.2	833.7	8481.0	0.11	276.7	351.5	4.4
7.4	1500~2000	11~21	2~14	17~25	4062~7656	3356~7620	242~365	662~1288	2673.4	1493.0	952.7	9074.4	0.13	356.4	229.4	4.0
7.5	1500~2500	13~22	7~14	17~26	4637~7854	3892~7819	302~365	640~1107	2100.5	1190.3	895.0	10186.9	0.13	426.1	402.9	5.9
全区	300~2500	8~22	-4~15	17~29	3369~7854	2824~7819	182~365	622~1728	12629.2	6738.8	4456.6	8643.5	0.13	353	331.9	4.5

值中种植业占 55.6%，牧业产值占 4.4%，以农为主农牧结合。林业产值占农业总产值的 38.0%，高于全国平均水平。

表 4-20　7 区耕作制特征

| 区号 | 土地利用结构 | | | 耕地结构 | | | | 农业总产值结构 | | | | |
	土地面积 (万 hm²)	耕地 (%)	林地 (%)	草地 (%)	耕地面积 (万 hm²)	水田 (%)	旱地 (%)	有效灌溉 (%)	农业总产值 (亿元)	种植业 (%)	牧业 (%)	林业 (%)	渔业 (%)
7.1	1 563.3	22.1	45.1	31.5	345.5	28.7	71.3	14.8	806.0	58.9	5.3	33.6	2.2
7.2	1 541.5	20.1	68.8	9.6	310.2	48.9	51.1	41.4	1 153.7	54.8	5.6	37.3	2.3
7.3	1 215.9	27.7	53.9	16.9	337.2	30.0	70.0	31.7	773.4	61.8	4.0	32.3	1.9
7.4	1 645.4	20.8	51.2	26.4	341.5	17.0	83.0	30.0	778.8	49.9	3.6	45.0	1.5
7.5	1 298.5	21.3	50.9	24.8	276.3	31.9	68.1	40.6	1 012.7	53.2	3.4	41.4	2.1
全区	7 264.6	22.2	54.0	22.1	1 610.6	30.9	69.1	30.9	4 524.4	55.6	4.4	38.0	2.0

本区是我国石灰岩岩溶地貌最集中的地区，以云南、贵州为主。土地瘠薄，漏水易旱，地瘦人贫，生态系统十分脆弱。耕作制的发展趋势是退耕还林、保持水土，同时加强农耕地的基本建设，逐步变粗放耕作制为半集约耕作制，变自给性封闭系统为半开放、开放系统；利用山区资源发展特作生产与旅游农业；控制人口，提高人口的文化素质，加快转移农村剩余劳动力，增加农民收入。

四、种植制度

1. 作物布局　农作物以粮食作物为主，粮食作物以玉米（14.6%）和薯类（12.9%）为主，两者占粮食播种面积的一半以上；其次是水稻（11.9%）、小麦（4.7%）；此外还有杂粮、杂豆等（表 4-21）。该区是我国南方旱粮比重最大的地区。经济作物以蔬菜、油料作物、烟草最为重要。云南、贵州是全国有名的优质烤烟产区。烤烟喜酸性、富磷钾且排水良好的土壤与温暖湿润的气候。经济作物还有油茶、油桐、乌桕、少量花生、柑橘、甘蔗等。从空间布

表 4-21　7 区种植制度

| 区号 | 播种面积 (万 hm²) | 粮食作物（%） | | | | | | | | 经济作物（%） | | | | | | | 种植指数 (%) |
		水稻	小麦	玉米	高粱	谷子	杂粮	杂豆	薯类	大豆	花生	油菜	棉花	甘蔗	烟草	蔬菜	
7.1	252	9.6	13.3	19.8	0.1	—	0.6	1.6	18.8	5.2	1.7	10.2	—	—	3.0	8.3	104.0
7.2	367	28.6	0.8	17.1	0.3	0.1	0.5	0.6	14.7	2.6	1.9	13.9	0.2	—	3.4	6.6	169.0
7.3	303	18.3	5.4	16.5	2.4	0.1	1.2	0.7	19.3	3.1	1.3	14.5	—	0.9	8.8	5.2	128.5
7.4	251	6.6	6.4	19.1	0.1	—	4.0	1.6	20.3	2.0	0.6	3.4	—	0.1	11.4	7.2	104.9
7.5	290	10.7	6.3	20.5	0.1	0.0	7.3	4.4	7.9	1.1	0.4	6.4	—	0.8	16.5	9.4	150.2
全区	1 463	11.9	4.7	14.6	0.5	0.2	2.1	1.4	12.9	1.2	1.2	10.1	—	0.4	8.4	7.3	129.8

局看，玉米、薯类各地均有分布，小麦主要分布于冬春日照较好、阴雨少的秦巴山区。

2. 复种 属典型一年两熟气候。目前水田以二熟为主，主要是油菜—中稻、麦—中稻、蚕豆—中稻，湘西、黔南、云南河谷地带低海拔处有少量双季稻。条件较好的旱地是一年二熟，如麦/玉米、油菜—玉米、麦—甘薯、或麦后玉米‖甘薯、马铃薯/玉米‖豆。高寒山区只一年一熟，玉米‖豆、马铃薯等。与四川盆地不同，本区水田种植指数往往大于旱地，今后本区复种潜力尚大。

3. 间套作 在山区旱地间套作甚为普遍。主要类型为小麦/玉米以及玉米‖豆子。小麦套玉米在贵州、鄂西南、四川、秦巴山麓盛行。云南因春旱套作较少，中高山地区（1 400～2 000 m 及以上）多马铃薯套种玉米。近年来推广四川的 3 种作物连环间套的方式，如麦套玉米收麦后再栽种甘薯、大豆、花生等，中下茬作物共生期很长，实际上往往成为间作状态，故多数仍为一年二熟。除麦/玉米/甘薯外，还有麦/烟‖薯、麦/花生或者用蚕豆、豌豆、马铃薯取代小麦，种小麦时为玉米预留的套种行可用以种植蔬菜、蚕豆青、绿肥等用。玉米豆类间作是西南山地高原最普遍的形式，在云贵占玉米播种面积的大多数。豆类有大豆、小豆、红豆、矮芸豆，一般以玉米为主，豆类为辅。常在玉米行间间作大豆，玉米窝边或穴播直立芸豆等。此外，还有玉米‖花生、玉米‖甘薯、马铃薯‖玉米、小麦‖白菜、大蒜、莴苣以及果粮间作等。混作甚少，有少量小麦混豌豆、荞麦混甘薯等。

4. 轮连作 作粮食作物连茬与轮作都存在。水田的麦—稻、旱地的麦—玉米、麦/玉米、麦—甘薯，年内为一种水旱轮换或旱与旱轮换，而年间则常常是连作。或者，水田上的水稻年年连作，而上茬旱作则往往进行年间轮换，如油菜—水稻→小麦—水稻。烟草忌连作，要求隔二三年种一次。

5. 种植模式

水田：

　　冬小麦（冬油菜、蚕豆）→晚稻

　　中稻→中稻

　　早稻→晚稻

水浇地：

　　菜瓜→菜瓜

旱地：

　　冬小麦/玉米‖大豆→冬小麦（油菜）—夏玉米大豆

　　冬小麦（马铃薯）—夏甘薯（夏玉米）

　　马铃薯/玉米‖豆（夏烟）→冬小麦（油菜）—夏玉米

春烟→春玉米‖豆

春玉米‖大豆→春甘薯

青饲玉米→青饲玉米

五、养地制度

本区山地面积大，山大坡陡。以云、贵两省而言，山地占土地面积80％以上，大于15°的耕地占总耕地面积的41％以上，25°以上的坡耕地大量存在，水土流失面积占土地面积的11％～20％，甚至出现了石化现象。为此，必须大力加强山区的生态保护：退耕还林、植树造林、封山育林，千方百计增加植被覆盖度。

山区田块细碎而零散，土层薄、肥力低，用养结合水平低，主要表现为投入水平低。耕地化肥（纯）年均用量为332 kg/hm²，低于全国平均以及相邻平原地区水平。要通过低产田改造、整治水土、增施肥料来恢复地力并提高土地生产力。

新中国成立以来，有效灌溉面积增长很快，但比重仍低，全区仅为30.9％，比全国平均水平的48.8％低了许多。因而干旱仍是农业生产的严重威胁，旱地占全区耕地面积的69.1％。本区水土流失总体上比我国西北轻得多，但在有的地区也不容乐观，如贵州西部山区、秦巴山地开荒到顶，水土流失加剧；云南西部的澜沧、南润一带比较严重，红水河的含沙量居全国第二位。区内农田基本建设较差。

六、亚区

（一）盆周秦巴山农林区（7.1区）

该亚区位于秦岭以南、四川盆地以北的汉水上游谷地和大巴山区，总人口1 829万人，农业人口858万人。土地总面积1 563万 hm²，耕地占比22.1％，为346万 hm²，人均0.19 hm²，林地占比45.1％。海拔290～1 000 m，水热条件较好，年平均气温为8～17 ℃，大于10 ℃积温2 824～5 576 ℃，年降水量622～1 242 mm。本区应以林为主，林农结合，着重发展经济林，积极发展用材林，建设林、特、畜产的多种经营基地。同时努力增产粮食。

本区的主体耕作制是中低山区立体农林牧雨养粗放自给制。生产条件差，旱坡地为主，水田只占28.7％。大部为一年两熟。除汉中盆地耕作较精细外，其他均较粗放。水田一般为两熟，耕作较精细；旱地在低山丘陵以二年三熟和一年二熟为主，一熟面积尚大，海拔1 400 m以上的中高山区多为玉米、马铃薯、荞麦、豆类一年一熟。全区种植以小麦、玉米、薯类、蔬菜为主。

农村经济落后，农民比较贫困，农业总产值806亿元，人均净收入7 698

元。粮食总产量650万t，人均粮食355 kg。农业投入低，有效灌溉面积只有14.8%，机械、化肥占有量均低。今后要逐步改变粗放自给耕作制，走向半集约半商品的农业。要发挥林地多的优势，发展经济林，实行林农牧结合。

（二）渝鄂黔湘浅山农林区（7.2区）

本区位于长江中下游平原丘陵区向西南高原山地过渡地带。总人口3 013万人，农业人口1 451万人。土地总面积1 542万 hm²，其中耕地占比20.1%，为310万 hm²，人均耕地0.10 hm²，林地占比68.8%。海拔300～1 000 m，热量条件较好，年平均气温为13～19 ℃，大于10 ℃积温4 146～6 312 ℃，年降水量1 059～1 728 mm，春雨多，但伏旱重。

本区耕作制的特点是，水田二熟与旱地二熟并重。水田比例占49%，湘西南、黔东南占80%以上，是以水稻为主地区。海拔300 m以下可以种植双季稻，或油菜—双季稻一年三熟，300～800 m的水田以麦—稻、油菜—稻为主。600 m以上旱地比重增大，以小麦/玉米‖大豆，油菜或小麦—甘薯，马铃薯/玉米，油菜—花生或甘薯—熟居多。少数1 500 m以上山区则一年一熟。

尽管本区的水热与土地条件在第7区中是较好的，但农村仍贫困，农业总产值1 153.7亿元，农民人均年净收入7 724元。粮食总产量1 125万t，人均粮373 kg。有效灌溉面积41.4%，为本区最高，机械、纯化肥占有量在本区中均较高。今后，要利用自然资源优势，实行农林牧结合，逐步走向集约化耕作制。

（三）贵州高原农林牧区（7.3区）

本区位于贵州省中部，包括贵州高原大部，海拔800～1 300 m，人口3 013万人，农业人口1 747万人。土地总面积1 216万 hm²，耕地面积337万 hm²，人均耕地面积0.11 hm²，其中水田占30%，旱地占70%，粮食总产量834万t。以丘陵地貌为主，岩溶面积大，地形破碎，山间丘陵间形成许多小坝子（盆地、谷地）。历史上被形容为"地无三尺平，天无三日晴，人无三分银"的地方。年平均气温14～20 ℃，大于10 ℃积温4 588～6 984 ℃，年降水量922～1 408 mm，无霜期285～362 d。全年湿润，无干湿季之分。山地多，坡度大，耕地少，土层薄，耕作仍较粗放，农业生产水平较低。

耕作制以水田二熟和旱地雨养二熟为主。主要作物是水稻、玉米、薯类、油菜、蔬菜。水田以麦—中稻为主，小麦生态适应性差，单产较低，油菜—中稻也为一种主要形式。经济作物发展较好，蔬菜种植较为广泛。

农村经济落后，农业总产值773亿元，农民人均净收入只有8 481元。粮食总产量834万t，人均粮食277 kg。农业投入低，有效灌溉面积31.7%，机械、化肥占有量均低。今后要培训农民、鼓励组织农民外出打工或人口外迁。本地要发挥特色农业旅游优势，发展附加值高的农产品，变粗放低投入为半集约耕作制。

(四) 川滇黔高原山地农林牧区 (7.4 区)

本区位于四川南部，也包括云南贵州北部，土地总面积 1 645 hm²，海拔 1 500~2 000 m，年均温 11~21 ℃，7 月平均温度 17~25 ℃，大于 10 ℃积温 3 356~7 620 ℃，无霜期 242~365 d，年降水量 662~1 288 mm。耕地占比 20.8%，共 342 hm²，人均耕地 0.13 hm²，其中水田仅占比 17.0%。

该区种植业与林业相结合，种植业占比近 50%，林业占比 45% 左右。种植作物以薯类、玉米和蔬菜为主，其次为水稻、小麦、烟草。农业总产值 779 亿元，农民净收入 9 074 元。粮食总产量 953 万 t，人均粮食 356 kg。有效灌溉 30%，低于全国水平，机械、化肥占有量均低。今后，要利用自然资源优势，实行农林牧结合，逐步走向集约化耕作制。

(五) 云南高原农林牧区 (7.5 区)

本区包括云南中北部云南高原的主体部分，土地总面积 1 299 万 hm²，耕地面积 276 万 hm²，人均耕地面积 0.13 hm²。海拔 1 500~2 500 m，高原面积保持比较完整，包括高原湖盆、浅切宽谷、丘陵低山等所形成的坝子，其数量多而大，是区别于贵州高原的特色。土壤以红壤为主，农业立体性强，坝子是农业的精华，其周围的丘陵山地以林为主，林地占土地的 50.9%。气候四季如春，夏季不热 (7 月均温 17~26 ℃)，冬季不冷 (1 月均温 7~14 ℃)，年平均温 13~22 ℃。大于 10 ℃积温 3 892~7 819 ℃，无霜期长达 302~365 d。年降水量 640~1 107 mm，干湿季分明，10 月下旬至次年 5 月中旬为旱季，余为湿季。冬作物光照条件好，但春旱，在灌溉条件下容易获得丰产。秋收作物期间降水多，但温度并不很高，水稻、玉米生育期长，而此期间气温适宜且日较差较大 (12 ℃以上)，因而常出现全国性的高产纪录。

在本大区中此亚区耕作制较为精细，较集约的水田两熟粗放旱地一年二熟一熟并重，烟草种植是重要经济来源。水田主要为小麦—稻、蚕豆—稻与油菜—稻，冬闲—稻占 1/3。旱地为小麦—玉米或冬闲—玉米‖豆。按高度不同，种植制度分 3 个层次：①中暖层 1 300~2 500 m 的广大地区，麦—稻，油菜—稻两熟为主，冬坑田—水稻也有较大面积。旱地以麦—玉米为主。②高寒层 2 300 m 以上，大于 10 ℃积温不足 3 000 ℃，以马铃薯、荞麦、燕麦、芜菁等一熟为主，撂荒面积较大。③1 300 m 以下的河谷为南亚热带气候，有麦—稻，冬闲 (蚕豆) 双季稻。

一般农户实行农牧结合，仍以自给型生产为主，农业总产值 1 013 亿元，农民净收入 10 187 元，在我国西南是最高的一个亚区。粮食总产量 895 万 t，人均粮食 426 kg。灌溉面积多，农业机械投入也多，种植指数高。今后，耕作制要进一步集约化、商品化、现代化。

第八节 四川盆地水田旱地二熟区

一、范围

本区包括四川盆地底部和周边低山丘陵，其北面抵秦岭，东面至巫山，南面达云贵高原，西面临横断山脉。土地总面积 2 066 万 hm²。本区由西部海拔 200～500 m 的成都平原、川中海拔 300～750 m 的丘陵、台地及川东和周边的丘陵和海拔 600～1 000 m 的低山组成（图 4-8）。它是西南高原山地区包围的一块封闭盆地，除赤水市外，行政上隶属四川省与重庆市。

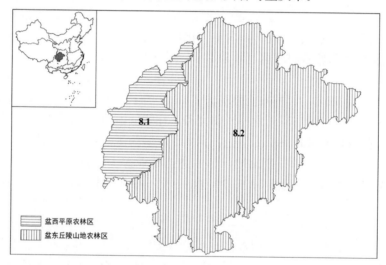

图 4-8 四川盆地水田旱地二熟区

二、自然与社会经济条件

从北方来的冷空气受阻于本区以北的秦岭和大巴山两道屏障，气候暖湿。属中亚热带季风气候，热量条件好，无霜期 149～363 d，年平均温度 4～19 ℃，大于 10 ℃积温 949～6 333 ℃，由于本区有阻挡冷空气入侵和暖湿空气散失的屏障以及海拔低、云层厚、大气逆辐射比较强等因素，本区的热量资源高于中国同纬度的其他地区，有利于作物生长。本区南部还能生长甘蔗。秋凉早，晚稻安全齐穗期比东部同纬度地方早半个月，因此晚稻与双季稻产量较低。本区河流众多如长江、嘉陵江、岷江、涪江、沱江等，且降雨充沛，年降水量 826～1 653 mm，水分条件也好，水热生长期长达 300～350 d，唯有 1～2 个湿润期的正常型，大部分地方春季水分嫌不足，东部有不严重的伏旱（表 4-22）。全年阴雨、雾日多，是我国低日照区之一。习惯上本区常被划入我国西部，

表 4-22　8 区自然与社会经济条件

区号	海拔 (m)	年均温 (℃)	1月平均温度 (℃)	7月平均温度 (℃)	≥0℃积温 (℃)	≥10℃积温 (℃)	无霜期 (d)	年降水量 (mm)	总人口 (万人)	农业人口 (万人)	粮食总产 (万t)	农村居民人均净收入 (元/人)	人均耕地面积 (hm²)	人均粮食 (kg)	纯化肥 (kg/hm²)	机械动力 (kW/hm²)
8.1	400~700	4~18	−5~7	12~26	1 866~6 431	949~5 866	149~355	826~1 653	2 524.8	1 320.7	724.7	18 479.6	0.09	287.0	272.1	5.0
8.2	200~600	13~19	3~8	23~29	4 936~6 808	4 278~6 333	285~363	916~1 220	8 312.5	3 966.1	3 327.2	12 833.3	0.13	400.3	222.2	3.2
全区	200~700	4~19	−5~8	12~29	1 866~6 808	949~6 333	149~363	826~1 653	10 837.3	5 286.8	4 052.0	14 058.6	0.12	374	230.8	3.5

实际上它与我国的中南部气候与耕作制比较接近。天然植被为亚热带常绿阔叶林，也有南亚热带常见的榕树、桉树。草地中有 40% 是零星草地，森林采伐后则形成热性和暖性的灌草丛和草丛。

成都平原的土壤类型主要是潜育性水稻土和比较肥沃的紫色土以及少量的冲积土。在川中丘陵台地则以紫色土、冲积土为主，有少量潜育土。山地则以紫色土、酸性土为主和少数的粗骨土、石质土。紫色土矿质养分丰富，含磷、钾较多，肥力较高，但质地松、母岩易风化而易被冲刷。

本区在我国中部偏西南地区农业生产上占据重要地位，重要的粮、猪等农产品生产基地。它与区外四周的高原山地在地势、地貌、农业上有本质的区别，故不能笼统地放在同一区内，也与我国西部高原生态脆弱区有本质上的区别。本区总人口 10 837.3 万人，占全国的 7.8%，人口密度大，达 525 人/km²，远高于全国平均人口密度，是全国密度最高的区域之一。有成都、重庆等城市，人多地少矛盾日益突出。2019 年人均粮食低于全国平均水平，农村居民人均净年收入略高于全国平均水平，其中，成都平原相对较高（18 480 元/人），川中丘陵较低（12 833 元/人）且低于全国平均水平（13 253 元/人）。

三、耕作制度特点

本区是一个纯农区，无牧区，鲜有纯林区。本区水田、旱地占比相当，其中成都平原水旱并重，平原外围的川中丘陵低山则以旱地为主。多数实行半集约水田麦稻两熟或雨养两熟的粮猪型传统耕作制。以农为主，农牧结合。林地占土地面积 26.7%，但成片的林地少，2018 年四川省森林覆盖率为 38%（国家统计局），多数分布于山区。草地只占 7% 左右（表 4-23）。

表 4-23 8 区耕作制特征

| 区号 | 土地利用结构 | | | | 耕地结构 | | | | 农业总产值结构 | | | | |
	土地面积（万 hm²）	耕地（%）	林地（%）	草地（%）	耕地面积（万 hm²）	水田（%）	旱地（%）	有效灌溉（%）	农业总产值（亿元）	种植业（%）	牧业（%）	林业（%）	渔业（%）
8.1	376.3	58.9	25.3	6.7	221.7	52.4	47.6	61.8	1 038.6	46.6	2.2	47.8	3.5
8.2	1 689.9	62.6	27.0	7.1	1 058.6	35.5	64.5	32.9	3 250.2	49.3	3.4	43.8	3.5
全区	2 066.2	62.0	26.7	7.0	1 280.3	38.4	61.6	37.6	4 288.8	48.6	3.1	44.8	3.5

本区耕作制的特点是集约度高，人多地少的精耕细作。农业人口较多，占总人口的 48.8%。耕地面积 1 280.3 万 hm²，但因人口密集，人均耕地面积为 0.12 hm²。耕地中 17.2% 分布在成都平原，82.8% 分布在川中丘陵地带。耕地中水田、旱地所占比例差异不大，但在川中丘陵地带以旱地为主，成都平原水浇地占比达 61.8%，但川中丘陵地带水浇地占比只有 32.9%。

本区耕作制仍带有浓厚的传统耕作的特点。农村劳力充裕、耕作精细，机械化水平不高，每公顷耕地农机总动力仅 3.5 kW，远低于全国平均水平。有机肥施用量较大，因此每公顷耕地的纯化肥施用量为 231 kg，低于全国平均水平。水利化水平中等，除成都平原灌溉条件较好外，丘陵、台地因地势等因素水利设施较差。有效灌溉面积约占耕地面积的 37.6%。许多水田依靠冬水田蓄水保证栽秧。丘陵山区还有许多排水不良的冷浸田。农村经济仍较封闭，尤其是丘陵山区经济不发达，农民收入低，外出打工多。

四、种植制度

1. 作物布局　粮食作物占总播种面积的 70.7%（表 4 - 24）。以水稻、小麦、玉米、薯类四大作物为主，其次有大豆、杂豆、高粱等；经济作物以蔬菜、油料作物为主，其中油菜占比较大。从空间布局上看，成都平原以水稻、小麦、玉米、薯类为主，水田占 52.4%，其中有少量冬水田，其余均可保证水旱灌排两用。在盆地东部的丘陵地带，与成都平原一样，以水稻、小麦、玉米、薯类为主，其中水稻占比较大达 23.7%，旱地占比 64.5%，有效灌溉的耕地面积只有 32.9%。

表 4 - 24　8 区种植制度

区号	播种面积（万 hm²）	粮食作物（%）								经济作物（%）							种植指数（%）
		水稻	小麦	玉米	高粱	谷子	杂粮	杂豆	薯类	大豆	花生	油菜	棉花	甘蔗	烟草	蔬菜	
8.1	200	27.3	11.1	10.5	—	—	0.3	0.9	9.0	1.9	1.4	15.0	—	0.1	0.2	18.0	128.9
8.2	839	23.7	11.2	15.1	1.3	—	0.1	2.0	16.3	3.3	3.2	9.7	0.1	0.2	0.5	10.4	113.2
全区	1 039	24.4	11.2	14.2	1.1	—	0.1	1.8	14.9	3.0	2.8	10.8	0.1	0.1	0.5	11.9	115.9

2. 复种　本区热量二熟有余三熟不足，生产上以二熟为主。平原水田以小麦（或油菜）—水稻两熟为主，近年来，在中稻收割后填闲加种一季短作物，如薯类、蔬菜。丘陵台地因灌溉条件差有一部分是冬水田，只种一季中稻，盆地南部有小部分冷三熟双季稻。旱地为冬作（小麦、蚕豌豆、油菜）—玉米（或甘薯）两熟，或为以小麦/玉米/甘薯为基本模式的套种，棉区多麦/棉，山区也有少量的马铃薯、玉米、大豆、甘薯一年一熟。

3. 间套作　水田以单作为主，旱地盛行间套作，样式甚多。套作主要是小麦/玉米、小麦/棉花、马铃薯/玉米等；间作有：玉米‖豆类、小麦‖豌豆、甘薯‖绿豆、油菜‖蚕豆、甘薯‖大豆、甘薯‖食用菌以及果粮间作等。

4. 轮作　该区的复种间套作已代替轮连作成为耕作制的中心。与我国南方其他地区一样，水田上的水稻几乎是年年连作，但在年内则实行水旱轮作。旱地上则盛行自由作与不规则的换茬或连茬。

5. 种植模式

水田：

      冬小麦→中稻

      冬油菜（蚕豆）→中稻

      冬油菜—早稻—晚稻

      冬水田（冬闲）—中稻

水浇地：

      菜瓜→菜瓜

旱地：

      冬小麦（蚕豆、马铃薯、油菜）—夏玉米（夏甘薯）

      冬小麦/玉米—夏甘薯（花生、大豆）

      春甘薯→春甘薯→花生（大豆）

五、养地制度

紫色砂页岩质地疏松、易流失，今后要加强防治水土流失。丘陵山区要保护林木，增加植被覆盖。要加强水利建设，改造低产田土，在此基础上进一步改造冬水田、望天田、冷浸田，使之成为旱涝保收的高产稳产农田。

六、亚区

（一）盆西平原农林区（8.1区）

本区包括茶坪山、邛崃山以东、龙泉山以西的岷江、沱江、青衣江冲积平原和其间的丘陵、低山。土地总面积 376.3 万 hm²。地势平坦、土壤深厚肥沃；耕地面积 222 万 hm²，大于 10℃积温 949～5 866℃，无霜期 149～355 d，一年两熟后可插种一季短生育期的填闲作物。年降水量 826～1 653 mm，春夏水分有亏缺。水利设施好，有闻名世界的都江堰自流灌溉。这里人口密集，每平方千米 686 人，在我国中部偏西地区较罕见，即或在东部也很少见。体现在农业上就是劳动密集型耕作制，土地利用率与产出率甚高。

本区主体耕作制是水田麦稻两熟集约制。耕地中 52.4% 是水田，而且冬水田很少，小麦（油）—中稻两熟为主，旱涝保收。有的地方还在中稻收获后种一季蔬菜或薯类、饲料。因 9～10 月低温阴雨，影响晚稻抽穗扬花，双季稻产量低而不稳，种植少。旱地实行雨养两熟兼农果菜混合型耕作制，以小麦、油菜、玉米、甘薯为主，一年两熟或套三熟。

（二）盆东丘陵山地农林区（8.2区）

本区包括成都平原亚区以外的四川盆地底部及周边海拔 750 m 以下的低山丘陵，土地总面积 1 690 万 hm²。沿河冲积平原较小，大部分是丘陵、台地，东部还多低山。大于10 ℃积温4 278～6 333 ℃，无霜期285～363 d，一年二熟有余，还可插种填闲作物。年降水量916～1 220 mm，属湿润区，但有伏旱，灌溉设施不如成都平原亚区。耕地面积约为1 059万hm²，水田只占35.5%，旱地占64.5%；水田中又有一部分是冬水田。冬水田大都一年一熟；水旱两用田中大多是麦（油菜）—中稻两熟，很少有三熟制。旱地则以小麦、油菜、玉米、薯类为主，一年两熟或套种三熟。盆地以南的宜宾一带，热量条件好，能种甘蔗与双季稻。由于丘陵、低山多、山冲冷浸田、下湿田和旱坡地的比重较高，耕作集约化程度不如成都平原亚区。农村经济比较落后，人均净年收入12 833元，低于国家平均水平，贫困人口多，大多农民外出打工已成为增加农民收入的主要来源。

第九节　长江中下游平原丘陵水田旱地三熟二熟区

一、范围

本区包括长江中下游沿江的江汉平原、洞庭湖平原、鄱阳湖平原、皖中平原、太湖平原、长江三角洲、杭嘉湖平原、大别山区、宁镇丘陵等，包括河南、安徽和江苏南部，浙江北部以及湖南、湖北和江西大部分地区（图4-9）。全区土地总面积6 067万hm²，其中约2/3以上是海拔200 m以下的平原，其余为200 m～500 m的丘陵、岗地。长江中下游平原二三熟农作区，北界平均向北移动，西界也平均向西推进，总区域扩大。

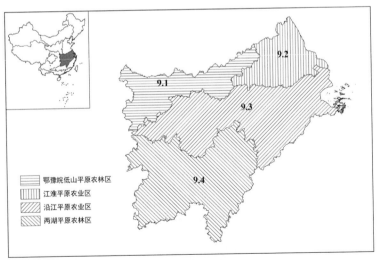

图4-9　长江中下游平原丘陵水田旱地三熟二熟区

二、自然与社会经济条件

本区属北、中亚热带气候，温暖湿润，水热资源丰富。年平均温度 9～20 ℃，大于 10 ℃积温 2 674～6 802 ℃，无霜期 208～341 d。1 月均温−8～−2 ℃，冬作物不停生长，7 月均温大部分为 20～30 ℃。雨量丰沛，年降水量798～2 343 mm，一年可二熟、三熟或种植双季稻（表 4-25）。平原大部分土壤类型是冲积沉淀的潜育性水稻土，土地平坦深厚肥沃，生产力高。丘陵则由上向下为黄棕壤、黄壤、红壤，质地黏重、为酸性。在丘陵地大部分是正常酸性土，南部为铁质酸性土，部分为正常或艳色淋溶土、冲积土、酸性土，冲积土下则为腐殖质酸性土，还有少量石质土。在山地则大部为正常酸性土，小部分为艳色淋溶土、腐殖质酸性土以及少量的始成土、石质土。沿海有少量潜育盐土。

天然植被在淮河以南长江以北，虽已出现部分北亚热带常绿阔叶林，但仍以落叶阔叶林为主。长江以南则为中亚热带常绿阔叶林和天然次生落叶林以及森林破坏后形成的热性灌草丛和草丛。河湖滩地有大量低地草甸。全区河湖密布，是我国内陆水域面积最广的地区，适于发展渔业和水禽业。

本区是我国社会经济发展精华之区。总人口 2.85 亿人，人口密度达 508人/km²。工农业发达，经济繁荣，除特大城市上海外，还有南京、杭州、苏州、无锡、南昌、武汉、宁波、合肥等城市。农业人口 1.19 亿人，占总人口的 42%，垦殖率 35.1%，总耕地面积 2 585 万 hm²。耕地大多分布于海拔 200 m以下，少数在 200～400 m。耕地以水田为主，占 74.0%，旱地只占 26.0%。本区是我国三大主要农区之一，为商品粮、棉、油、麻、桑蚕、茶、柑橘、猪禽、水产品基地。全区生产水平较高，农民净收入达 15 245 元/人，在全国各区中是最高的。

历史上，本区是我国最重要的农业生产基地，唐宋以来，一直是南粮北调的源头，随着农业结构的调整，同时也是从"南粮北调"到"北粮南运"的转变的见证者，现为全国第二大农区，总人口、农业人口、农业总产值、粮食总产量均占全国总量的 1/5。农业地位十分重要。

三、耕作制度特点

本区是我国第二大农业区（在黄淮海平原之后）。当前，本区以半集约半商品农区耕作制为主，尚未脱离传统农业范畴。部分沿海沿江地区已开始向集约化、商品化、产业化、外向化与现代化耕作制方向迈进，而大部分地区尚停留在半自给半商品传统小农耕作制水平上。总土地面积中，耕地占 42.6%，林地占 28.0%，草地只占 2.3%（表 4-26）。以水田为主，无牧区、无纯林区。

表 4-25　9 区自然与社会经济条件

区号	海拔 (m)	年均温 (℃)	1月平均温度 (℃)	7月平均温度 (℃)	≥0℃积温 (℃)	≥10℃积温 (℃)	无霜期 (d)	年降水量 (mm)	总人口 (万人)	农业人口 (万人)	粮食总产 (万t)	农村居民人均净收入 (元/人)	人均耕地面积 (hm²)	人均粮食 (kg)	纯化肥 (kg/hm²)	机械动力 (kW/hm²)
9.1	100~200	15~17	2~5	27~28	5 662~6 282	5 113~5 693	257~313	798~1 358	3 250.1	1 544.9	2 206.7	14 518.3	0.15	679.0	523.7	6.5
9.2	20~250	15~17	1~4	27~29	5 360~6 053	4 787~5 494	257~283	963~1 155	5 705.7	2 071.9	2 644.0	17 913.7	0.09	463.4	333.5	5.7
9.3	200~400	9~18	-2~6	18~30	3 361~6 608	2 674~6 080	208~325	1 072~2 343	11 076.2	4 184.3	2 996.2	17 100.5	0.08	270.5	640.6	6.2
9.4	50~100	12~20	1~8	22~30	4 470~7 224	3 930~6 802	239~341	1 276~2 079	8 457.5	4 125.8	4 367.1	12 767.2	0.09	516.4	640.0	7.2
全区	20~400	9~20	-8~-2	20~30	3 361~7 224	2 674~6 802	208~341	798~2 343	28 489.6	11 927.0	12 214.1	15 244.5	0.09	429	556.1	6.4

种植业产值占 49.9%，牧业产值占 3.7%，林业产值占 30.4%，渔业产值占 16.0%，耕作制中种植业与畜禽渔紧密结合是其重要特点。本区农产品加工业比较发达，沿海地区外向型农业正在蓬勃发展，出口蔬菜、柑橘和水产等。

表 4-26　9 区耕作制特征

| 区号 | 土地利用结构 | | | | 耕地结构 | | | | 农业总产值结构 | | | | |
	土地面积（万 hm²）	耕地（%）	林地（%）	草地（%）	耕地面积（万 hm²）	水田（%）	旱地（%）	有效灌溉（%）	农业总产值（亿元）	种植业（%）	牧业（%）	林业（%）	渔业（%）
9.1	968.4	49.4	36.8	3.3	478.6	61.6	38.4	57.0	2 865.3	50.6	2.4	31.8	15.2
9.2	789.7	66.9	4.4	2.4	528.6	77.4	22.6	75.2	2 964.9	52.4	2.4	23.4	21.7
9.3	2 179.8	38.9	41.3	3.7	848.8	75.7	24.3	59.0	5 461.3	50.4	4.2	27.9	17.5
9.4	2 129.2	34.2	53.1	3.0	728.7	77.6	22.4	67.4	3 917.1	46.9	4.7	38.1	10.3
全区	6 067.1	42.6	28.0	2.3	2 584.7	74.0	26.0	63.8	15 208.7	49.9	3.7	30.4	16.0

本区耕作制的特征为水田、多熟、高产、多样。本区水田是农田的主体，组成了我国最大的水稻带，而且是世界上最大的双季稻带。本区广泛实行多熟制，无论水田旱地广泛实行二熟三熟制，种植指数属全国第一。由于本区实行精耕细作与多熟，土地生产率甚高，相当大的土地范围内，每公顷年产粮食可达 15 t 以上，这在世界上也是少见的；尽管本区以水稻为主体，但粮、棉、麻、油、茶、桑、果、畜、禽、渔、林等多种多样，综合发展，农产品加工业也较发达。

集约化程度较高。由于实行多熟制，季节相当紧张，需要有较高的水、肥、人畜力和农机投入作为基础。所以种植业的集约化程度也比别的区高。全区有效灌溉面积为 63.8%；每公顷农机总动力 6.4 kW、年均化肥施用量 556.1 kg/hm²（折纯）；但区内生产水平颇不平衡。经济发达地区集约化程度高，已基本上淘汰了耕牛，排灌、植保、脱粒等也实现机械化或半机械化，施肥水平亦高；而江西吉泰盆地、赣州盆地等则生产水平较低，施肥水平、机械化程度均较低。

四、种植制度

1. 作物布局　粮食作物占总播种面积的 60.4%，水稻占绝对优势，占总播种面积的 42.7%（表 4-27）。长江以北为一季晚稻或中稻，向南则双季稻占优势。冬小麦在江北比重较大，江南因春雨连绵，生态适应性差，产量较低。冬作主要是油菜和蔬菜，另有少量大麦、蚕豆。旱粮比例很小，主要是甘薯、玉米，大豆种植少。经济作物中，棉麻类、油菜较多。江北的江汉平原和苏北沿海是重要棉区，棉花纤维强度大；江南棉花则较少，主要分布于洞庭湖一带。油料以油菜为主，是全国的重要油菜籽基地，有1/3面积集中于此。过去绿肥种植面积大，全国60%的绿肥集中在本区，主要是紫云英。本区桑蚕适应性好，全国四个蚕丝基地中有两个在本区（江苏、浙江）。此外，柑橘、茶、苎麻、黄红麻重点产区也均在此。

表4-27 9区种植制度

区号	播种面积（万 hm²）	粮食作物（%）								经济作物（%）							种植指数（%）
		水稻	小麦	玉米	高粱	谷子	杂粮	杂豆	薯类	大豆	花生	油菜	棉花	甘蔗	烟草	蔬菜	
9.1	443	35.1	28.9	7.5	—	—	0.2	0.4	1.5	2.0	3.5	9.9	1.6	0.1	0.1	7.9	132.1
9.2	493	36.1	28.8	3.6	—	—	1.7	1.7	0.8	3.0	1.5	8.6	2.3	0.1	—	10.5	133.3
9.3	809	41.6	8.9	2.9	0.1	—	0.5	0.8	2.3	2.3	1.5	16.3	3.9	0.2	0.2	17.9	136.1
9.4	1 312	48.3	0.3	1.5	0.1	0.1	0.5	0.8	1.3	1.5	10.4	1.7	0.1	0.3	0.1	8.3	257.2
全区	3 057	42.7	11.3	3.1	0.1	0.2	0.5	0.9	1.6	1.9	1.8	11.6	2.4	0.1	0.2	11.1	168.9

2. 复种 江北的江汉平原、大别山区、皖中、苏北等地的水田主要是年内麦稻两熟，旱地则为麦（油菜）—玉米或甘薯两熟。棉田多实行麦棉套种两熟。江南热量丰富，普遍实行复种。种植制度为水田盛行双季稻，约占水田面积的一半以上。双季稻田的冬作主要是油菜，麦类、蔬菜及部分绿肥，形成了一年三熟制。其次是冬闲，尤其在本区南部，冬闲田比重更大些；冬闲田中以冬炕田为主，冬水田不多。在本区北部400 m以上的丘陵低山，有一定面积的麦（油菜）—稻两熟制。近年来，部分地区单季稻有取代双季稻之势。此外，麦—中稻再收获一季，再生稻近年有所发展。旱地多分布在低丘岗地上，以两熟为主。冬作是油菜、小麦，春作是甘薯、玉米，还有不多的大豆、花生或芝麻、棉花。

3. 间套作 水田以单作为主，间套作很少。历史上绿肥（紫云英）多套种于收获前的水稻田上，现已随绿肥的衰退而减少。近年来稻田后期套种小麦有较多发展。苏北有少量麦/稻、麦/玉。旱地间套作较多，主要形式有麦/甘薯（玉米）、麦/棉（或玉米、花生）、麦/玉米/甘薯（或大豆）、麦/玉米‖甘薯等。

4. 轮连作 本区水田年间以连作为主，多年连续种植水稻，有的已延续百年以上。年内水稻与旱作物（麦、油菜、蔬菜）进行轮换。旱地则多实行换茬制。

5. 种植模式

水田：

      冬作（油菜、小麦、大豆、蔬菜、蚕豆）—早稻—晚稻

      冬闲（绿肥）—早稻—晚稻

      冬油菜（冬小麦、大麦、蚕豆）—晚稻或中稻

      中稻（望天田）

      麦—早稻—秋玉米

      冬作（麦类、油菜）—中稻—再生稻

水浇地：

      菜瓜—菜瓜

旱地：

      冬小麦（冬油菜、大麦、蚕豆）/棉花

      油菜、冬小麦—棉花

      冬作（蚕豆、小麦、大麦）—甘薯

      冬作—夏玉米‖大豆（花生）

      菜瓜—菜瓜

      春花生→春甘薯→春芝麻

五、养地制度

本区高产、稳产农田的比重较高，约占50%，但沿江环湖仍有洪涝威胁，还不能抵御十年一遇的洪涝灾害。春秋低温寒潮、夏秋台风暴雨等气候灾害时有发生。因长期水稻连作，土壤理化状况变差，耕层变浅。在河湖平原低洼地和山垄冲岔，土壤潜育化较为严重，50%以上的水田有不同程度的渍潜危害。丘陵山区灌溉水源不足的地方，水田串灌、漫灌问题较严重。旱地则有水土流失问题。本区虽然雨量丰沛，但季节分布不匀，河湖洪枯水位相差悬殊，水利设施不完善的丘陵耕地也有旱灾威胁。本区改进土地利用方式的方向：种植业首先要搞好水利建设，依靠三峡水库和长江支流水库，同时结合河道裁弯取直、疏挖泄河道、加固圩堤等措施，把防洪标准进一步提高到十年一遇、三日暴雨不成灾，进而防止50年一遇的特大洪涝灾害。河湖平原低地要加强农田排水，消除渍害、改良潜育性土壤。丘陵山区和局部滨湖平原灌溉水源不足的地方，要充分利用水库塘坝和扩泉引水，蓄、引、提水相结合，建立和完善排灌系统，扩大灌溉面积，消除串灌、漫灌。推广水旱轮作，扩种玉米、甘薯和

豆类，以增加饲料作物和改良土壤。丘陵山区应保护和恢复森林，保持水土，坚决制止盲目围湖开垦，保护和合理利用淡水水域。江河湖泊水污染与富营养化日趋严重，主要污染源是工业和生活废水，但农业使用的过量化肥、有机肥与农药也是污染源之一。

六、亚区

（一）鄂豫皖低山平原农林区（9.1区）

本区包括安徽中部、湖北中部和河南南部，土地总面积968万 hm²，耕地面积479万 hm²。无霜期257～313 d，大于0℃积温5 662～6 282℃，大于10℃积温5 113～5 693℃，年降水量为798～1 358 mm。本区各种不同类型低产田分布广泛，应根据具体情况，分别采取平整土地等措施。该区处于我国双季稻种植北界，种植制度以麦—稻两熟为多，冬作主要是生育期稍短的小麦、大麦、油菜、蔬菜、紫云英。部分地区过分推广双季稻，结果往往因水、肥、劳力难以保证而不能增产，或由于秋冬偏旱而严重减产。应根据各地具体情况，分别确定合适的种植比例，不宜强求一致。本区发展方向是农林并重，控制水土流失，因地制宜发展粮食、棉花、油料及用材林，建设地方性生产基地。

（二）江淮平原农业区（9.2区）

本区包括安徽中东部和江苏中部地区，土地总面积790万 hm²，耕地面积529万 hm²。无霜期257～283 d，大于10℃积温4 787～5 494℃，年降水量为963～1 155 mm。这里是外向型经济的理想地区，是以出口为目的的蔬菜、花卉、菌类、水产、畜禽、蚕丝、茶叶等重要基地，农产品加工业、商业、外贸、交通、信息均较发达，也是内地农产品加工、转运的跳板。本亚区北段（苏北）沿海为重要棉区，里下河则为粮食、水产区。本区经济较发达，农村经济活跃，农业集约度商品率高，农民人均净收入17 914元，人均粮食463 kg，大量粮食与肉类要靠输入，渔业产值占农业总产值的21.7%。水田多熟集约农畜禽渔混合制是本区主体耕作制，其次是沿海渔作制。本区人口密集，城市密集，城郊型耕作制盛行，外向型耕作制蓬勃兴起，传统耕作制正在逐步向现代耕作制发展。

（三）沿江平原农业区（9.3区）

本区包括上海市，湖北、安徽和江苏的南部以及浙江、江西的北部，土地总面积2 180万 hm²，耕地面积849万 hm²。无霜期208～325 d，大于10℃积温2 674～6 080℃，年降水量为1 072～2 343 mm。耕作制以水田多熟集约农畜禽渔混合制为主，兼有低山丘陵林农制和岗坡地雨养农果制。种植制度以麦一稻两熟为多、也有相当面积的早稻、晚稻两熟或在双季稻前再加一季冬作。因热量低于其南部的亚区，双季稻以早中熟型为主，早稻为中熟型的籼稻，晚稻为中熟型粳稻。冬作主要是生育期稍短的小麦、大麦、油菜、蔬菜、紫云英。本亚区种棉花较多，大都是麦（油菜）套种棉花，少量为麦后移栽棉花。这里也是外向型经济的理想地区。长江三角洲、钱塘江三角洲经济繁荣，工业、农业均很发达，是南方农产品重要出海口，盛产粮、猪、蛋、奶、鱼、菜、桑蚕等。本区经济较发达，农村经济活跃，农业集约度、商品率高，农民人均净收入 17 101 元，人均粮食 271 kg，大量粮食与肉类要靠输入，渔业产值占农业总产值的 17.5%。

（四）两湖平原农林区（9.4 区）

本区包括鄱阳湖平原、洞庭湖平原及其周围延伸的丘陵低山，土地总面积 2 129 万 hm²，耕地面积 729 万 hm²。本亚区特点是热量稍多于 9.3 亚区。无霜期 239～341 d，大于 10 ℃积温 3 930～6 802 ℃。属传统粮猪型耕作制，以水田多熟集约农畜禽渔混合制为主，兼有岗坡地雨养制和低山丘陵林农制。种植制度以双季稻为主，冬季或休闲（一年两熟）或加种一季油菜、小麦、蔬菜等作物（一年三熟）。双季稻可采用生长期稍长的品种组合。近年来，单季稻面积有扩大之势。这里春季雨多、日照少，麦类病害多，故种植较少；经济作物主要是油菜、也有棉花、甘蔗、柑橘、麻、茶、油茶等。畜牧业以猪为主，是我国商品猪重要产地。尽管本区粮食年单产高、种植指数在全国 41 个亚区中最高（257.2%）、农民最辛苦、对国家贡献大，但是由于粮食收益少、工业不够发达、农村乡镇企业落后，农民的人均年净收入甚低（12 767 元），甚至接近西部的水平。今后，国家应对贡献大的粮肉主产区采取保护与扶助政策，大力增加投入，改善基本农田建设，发展农产品加工业与二三产业，增加农产品的附加值，促使传统耕作制向商品化、现代化耕作制转变。

第十节　江南丘陵山地水田旱地三熟区

一、范围

该区位于我国东南部，以南岭山脉与浙闽丘陵山地为主体，也包括罗霄山脉、雪峰山等，全区约 90% 是 300～500 m 的丘陵与 700～1 400 m 的山区，间以众多的 50～100 m 河谷或者小盆地。土地总面积 3 940 万 hm²，占全国土地总面积的 4.2%（图 4-10）。山区丘陵以林地为主，耕地以水田为主，主要分布于800 m 以下的山间盆地、谷地以及低丘缓坡地上。

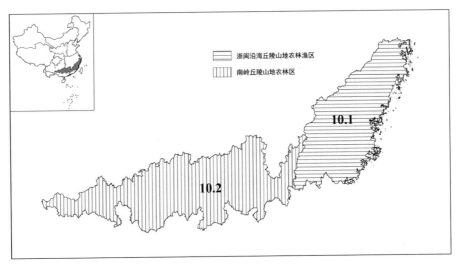

图 4 - 10　江南丘陵山地水田旱地三熟区

二、自然与社会经济条件

本区属中亚热带气候，水热资源丰富。年平均温度 13～22 ℃，大于 0 ℃积温 4 626～8 001 ℃，大于 10 ℃积温 3 948～7 943 ℃，无霜期 260～365 d，年降水量 1 115～2 131 mm，水资源丰富。春夏雨水多，秋冬相对少。光热水资源有利于多熟种植。气候垂直地带性明显，据湖南调查，海拔每上升 100 m，年平均温度下降 0.43～0.53 ℃，大于 10 ℃积温减少 137～228 ℃，年降水量增加 29～138 mm（表 4 - 28）。海拔上升 600～1 000 m，温度相当于纬度北移 5°～10°。

土壤在盆地和谷地大多是潜育水稻土，间有潜育性的冲积土、淋溶土以及冲击土；丘陵山地下部大多为红壤，向上依次为黄壤、黄棕壤。

本区总人口 9 834 万人，农业人口 3 989 万人，占 40%，耕地面积共 671 万 hm²。

三、耕作制度特点

本区的特点是山地丘陵多、林地多，山区丘陵耕作制以林为主，是我国重要的亚热带常绿阔叶林带。这里山地与河谷相间，树林常与农田相间，形成上林下农的林农立体相间耕作制。林地很多，占土地总面积的 69.7%，多分布在 800 m 以上。种植业本身也呈立体分布。耕地多分布于海拔 800 m 以下的河谷，山间盆地和沟冲，500～800 m 处水田和旱地交错分布，以下则为水田。水田占耕地的 65.2%；旱地则占 34.8%；有效灌溉的土地占比为 51.2%（表 4 - 29）。

表4-28 10区自然与社会经济条件

区号	海拔(m)	年均温(℃)	1月平均温度(℃)	7月平均温度(℃)	≥0℃积温(℃)	≥10℃积温(℃)	无霜期(d)	年降水量(mm)	总人口(万人)	农业人口(万人)	粮食总产(万t)	农村居民人均净收入(元/人)	人均耕地面积(hm²)	人均粮食(kg)	纯化肥(kg/hm²)	机械动力(kW/hm²)
10.1	50~1000	13~22	5~14	19~30	4626~8001	3948~7943	260~365	1115~2023	5542.4	2000.1	843.6	15622.0	0.05	152.2	1205.5	7.7
10.2	100~1000	15~21	4~12	24~30	5387~7820	4851~7643	271~365	1334~2131	4291.6	1988.6	1290.0	9337.2	0.09	300.6	714.4	7.1
全区	50~1000	13~22	4~14	19~30	4626~8001	3948~7943	260~365	1115~2131	9834.0	3988.7	2133.6	12265.4	0.07	217	919.8	7.4

表 4 - 29　10 区耕作制特征

区号	土地利用结构				耕地结构				农业总产值结构				
	土地面积 (万 hm²)	耕地 (%)	林地 (%)	草地 (%)	耕地面积 (万 hm²)	水田 (%)	旱地 (%)	有效灌溉 (%)	农业总产值 (亿元)	种植业 (%)	牧业 (%)	林业 (%)	渔业 (%)
10.1	1 632.9	17.1	66.9	10.8	280.0	73.3	26.7	47.6	2 731.0	43.2	8.3	18.5	30.0
10.2	2 306.0	16.9	71.7	8.8	390.8	59.5	40.5	54.5	2 024.9	54.9	9.5	31.5	4.1
全区	3 939.9	17.0	69.7	9.6	670.8	65.2	34.8	51.2	4 755.9	48.2	8.8	24.0	19.0

本区属于传统小农半集约水田耕作制，规模小，人畜力仍为主要劳动力，粮食以自给为主，经济作物以出售商品为主。

四、种植制度

1. 作物布局　粮食作物占总播种面积的 47.9%，以水稻为主，双季稻约占水稻种植面积的 80%，是典型的双季稻区，皖南丘陵、雪峰山地则多单季稻；旱粮较少，主要是丘陵旱地上的甘薯、玉米、豆类和水田上的冬小麦、油菜（表 4 - 30）。本区气候地貌条件复杂，有利于亚热带、温带多种经济作物的发展。主要有油菜、烤烟、甘蔗和黄红麻类，缺乏大宗经济作物。从气候条件看，许多多年生经济果木在本区具有较好的生态适宜性，如柑橘、茶、油茶、楠木、杉柏、乌桕、马尾松等。

表 4 - 30　10 区种植制度

区号	播种面积 (万 hm²)	粮食作物（%）								经济作物（%）						种植指数 (%)
		水稻	小麦	玉米	高粱	谷子	杂粮	杂豆	薯类	大豆	花生	油菜	甘蔗	烟草	蔬菜	
10.1	338	31.3	0.4	2.1	—	—	0.2	0.6	11.4	2.8	0.9	0.5	0.1	0.7	15.4	172.5
10.2	486	36.7	0.1	7.8	0.1	—	0.2	0.6	2.9	2.3	4.0	2.2	6.8	1.9	21.1	177.6
全区	824	34.8	0.2	5.5	0.1	—	0.2	0.6	6.5	2.5	1.9	1.0	2.3	1.1	17.3	175.5

2. 复种　新中国成立以前，这里为单季稻区，1/3 是双季稻三熟制，主要是冬作（蔬菜、小麦、油菜、蚕豆）—稻—稻；冬闲—稻—稻占双季稻田的 2/3，500～700 m 为冬作—单季稻两熟区，700 m 以上为单季稻一熟区。缺水的丘陵地区有水旱轮作三熟或两熟制，如冬作—旱稻—晚甘薯，大豆—晚稻等。旱地基本上是一年两熟。主要有两种种植模式：一是喜凉冬作（小麦、蚕豆、马铃薯）加一季喜温作物（甘薯、玉米）；另一种是喜温作物（花生）加另一季喜温作物（玉米、甘薯、大豆、蔬菜等）。少数旱地实行三熟制，如冬小麦—早

玉米—甘薯、花生—甘薯—蔬菜、麦/玉米（或豆类）/甘薯（或豆类）。少数海拔 1 000 m 以上的中山耕地则为玉米、烟叶、马铃薯一熟制。熟制的分布在很大程度上受地势的影响，往往在同一区域内，300 m 以下低处为水田双季稻三熟制或双季稻；稍高（500～700 m）处是水田双季稻与单季稻混合区，实行水水或水旱一年两熟，旱地则以凉—温或温—温两熟为主；再往上低山处（700～1 000 m）水田减少，旱地增多，水田种单季稻，旱地为二熟一熟区；1 000 m 以上的中山已以林木为主，很少见到水田，少量旱坡地上种玉米、马铃薯等。

3. 间套作　水田、旱地间套作均较少，有部分实行套种或间作。如：大小麦/花生、大豆或玉米/花生、小麦/花生/秋玉米、马铃薯/玉米、晚甘薯/玉米、玉米‖豆类、甘蔗‖大豆等。

4. 轮作　本区水田年际、年内均以连作为主，年内也有冬旱作夏水稻的水旱轮作。旱地上作物种类多，常有不规则的换茬，其顺序与周期均不严格，轮作效益也不显著，往往是为了作物茬口间的衔接而进行轮换。

5. 主要种植模式

水田：

　　冬闲（少量绿肥）—早稻—晚稻

　　冬作—中晚稻

　　冬作（冬菜、麦类、蚕豆、油菜、马铃薯）—早稻—晚稻

　　中稻—中稻

水浇地：

　　菜瓜—菜瓜

旱地：

　　冬作（马铃薯、蚕豆、小麦）—夏甘薯（夏玉米）

　　甘蔗—甘蔗

　　菜瓜—菜瓜

　　春花生—秋甘薯（玉米）

　　春玉米‖大豆—春甘薯—春花生

五、养地制度

保护、建设好森林，保持水土是本区的重要任务。要从可持续发展的战略角度出发，立足当前，着眼长远，养育重于采伐。要使当地的农民在林业发展中得到效益。

在丘陵山区水田中，潜育性的冷浸田、烂泥田等比重大；旱地中梯田面积

比例小，大部分为坡耕地，水土流失比较严重，应逐步治理。

六、亚区

(一) 浙闽沿海丘陵山地农林渔区 (10.1区)

本区几乎包括整个浙江省、福建省的丘陵山区和皖南丘陵。海拔 50～1 000 m，高处可达 1 000 m 以上，向东降低为丘陵、盆地、河谷相间分布，土地总面积 1 633 万 hm²，80%以上是丘陵山地，山多田少，林木为主，林木覆盖率 45%以上，但由于过量采伐，蓄积量下降，幼林和疏林比重大。总人口为 5 542 万人，人均耕地 0.05 hm²。耕地中约半数分布于丘陵、山地的缓坡地带，并均已开辟为梯田，山丘间尚多冷浸田。除 500 m 以上的山地热量较差外，大部地方积温 5 300～6 500 ℃，年降水量 1 115～2 023 mm。

本区耕作制以低山丘陵水田多熟农牧渔混合制为主，兼有山区丘陵林农制、旱地雨养二熟一熟制。水田比重大，占 73.3%，以双季稻为主，部分实行双季稻三熟制。旱地以两熟为主，作物以甘薯、小麦居多，玉米较少。经济作物有油菜、花生、黄麻、甘蔗等。因地邻沿海经济发达地区，农业集约化水平较高，每公顷耕地平均农机总动力 7.7 kW，年均施化肥（折纯）1 205 kg/hm²，有效灌溉面积达 47.6%。

(二) 南岭丘陵山地农林区 (10.2区)

本区包括赣、湘、粤北、桂北、桂西等以南岭为中心的包括雪峰山的丘陵山地。地貌 1 000 m 以下的中等低山与 300～500 m 的丘陵谷地相间，山多耕地少，土地总面积 2 306 万 hm²，林地约占 71.7%，以常绿阔叶林为主，叶厚而有光泽，称山地照叶林。耕地面积 391 万 hm²，占土地的 17.0%。总人口 4 292 万人。无霜期 271～365 d，大于 0 ℃积温 5 387～7 820 ℃，大于 10 ℃积温 4 851～7 643 ℃，年降水量 1 334～2 131 mm。水田占 59.5%，旱地占 40.5%，旱地比重较 10.1 亚区明显增加。

本区耕作制大体与 10.1 区相似。作物以水稻为主，其次是甘薯和玉米，小麦甚少，另有油菜、花生、甘薯等。水热条件虽可三熟，但当前以两熟居多。冬闲田多，套间作少。水田以双季稻为主，800 m 以上为麦稻两熟。旱地以两熟制为主体，如春花生—甘薯、春玉米—秋甘薯、春烟—秋花生等。因交通不便，经济欠发达，农业集约化水平较差。有效灌溉面积约 54.5%，设施不配套。每公顷耕地农机总动力 7.1 kW，化肥（折纯）施用量 714 kg/hm²。水土流失的坡耕地、潜育化、酸性的低产田较多。亚区内林地多，草山草地亦多，天然草地中 2/3 是成片天然草地，但改良、利用的很少。

第十一节 华南丘陵平原水田旱地三熟区

一、范围

本区位于我国最南部，包括闽南与南岭山地以南至沿海的粤桂大半部分、台湾、海南岛以及西双版纳等地区，土地总面积 4 812 万 hm²，占全国的 5%（图 4 - 11）。地形复杂，山地、丘陵、台地、河谷和沿海平原、岛屿都有，山地丘陵占多数。总的特点是山丘多、平地少、地狭人稠。本区是我国改革开放以来外向型经济和农业最发达地区之一。区内珠江三角洲、潮汕平原、漳州平原人口稠密，经济发达。有深圳、珠海、厦门、海南岛 4 个特区。本区北部为山区丘陵，南边为沿海平原、三角洲。

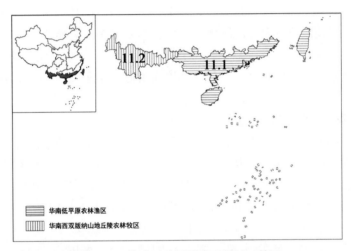

图 4 - 11 华南丘陵平原水田旱地三熟区

二、自然与社会经济条件

本区气候大部分属于南亚热带气候，南端的雷州半岛、海南岛、西双版纳和台湾南部已进入热带边缘。终年暖热，长夏无冬，年平均温度为 16~27 ℃。1 月均温多数地区在 9~24 ℃，7 月均温 20~29 ℃。大于 0 ℃积温 5 683~9 899 ℃，大于 10 ℃积温 5 167~9 899 ℃，无霜期 324~365 d，年降水量 788~2 699 mm（表 4 - 31）。光照条件在长江以南是最好的。一年内作物可三熟，本区南部具有我国少有的珍贵的热量资源，适于许多热带作物以及热带果品、特色作物、香料等的种植。

表4-31　11区自然与社会经济条件

区号	海拔 (m)	年均温 (℃)	1月平均温度 (℃)	7月平均温度 (℃)	≥0℃积温 (℃)	≥10℃积温 (℃)	无霜期 (d)	年降水量 (mm)	总人口 (万人)	农业人口 (万人)	粮食总产 (万t)	农村居民人均净收入 (元/人)	人均耕地面积 (hm²)	人均粮食 (kg)	纯化肥 (kg/hm²)	机械动力 (kW/hm²)
11.1	0~500	19~27	11~24	25~29	7026~9899	6780~9899	354~365	1078~2699	12739.8	4898.4	2145.8	12173.2	0.06	168.4	549.0	6.2
11.2	550~1500	16~24	9~17	20~29	5684~8772	5167~8767	324~365	788~2211	1471.0	833.6	705.4	8354.0	0.19	479.5	304.2	4.4
全区	0~1500	16~27	9~24	20~29	5683~9899	5167~9899	324~365	788~2699	14210.7	5732.0	2851.1	11540.9	0.08	201	487.8	5.7

三角洲和河谷的土壤大多是潜育性的冲积土、水稻土，间有铁质酸性土，土壤肥沃深厚，利于种植水旱各种作物。丘陵、台地多为铁质酸性土，砖红壤性红壤和砖红壤分布最广。山地主要是铁质和正常酸性土，间有石质土，伴随零星的腐殖质酸性土、钙积淋溶土和始成土。一些土壤质地黏，耕性差、酸性强。

本区总人口 14 211 万人（不包括台湾、香港、澳门），区内经济与农业发展不平衡，珠江三角洲、潮汕平原、漳州平原人口稠密，经济发达，有广州、厦门等大城市，4 个经济特区都集中在这里。农业上精耕细作，投入高，生产水平也较高。而北部丘陵山区、海南岛以及西双版纳等地则投入少，生产水平低，人口少，交通不便，经济甚为落后。化肥施用量达 488 kg/hm^2。人均粮 201 kg（表 4 - 31）。

三、耕作制度特点

本区的特点之一是靠海，故耕作制以外向型为特征。本区改革开放早，面向香港、澳门、台湾，有深圳、珠海、厦门等特区。外向型经济与外向型农业较发达。内陆水域较少（占 4.7%），但沿海海涂与海面广阔，海水渔业、淡水渔业均发达。

本区特点之二是气候湿热，因而耕作制以多熟水田与热作为特征，是我国主要的热作带。

本区特点之三是人多耕地少，耕地面积共约 1 095 万 hm^2，其中 45.3%是水田，54.7%是旱地。粮食不能自给，靠大量输入。多数农田属于传统自给集约型耕作制，在有限的耕地上实行高产多熟，双季稻是主体，部分实行双季稻加冬作的三熟制。

本区特点之四是多山。山区丘陵占土地面积的 90%以上，林地占土地的 60.9%，故林业是农业的重要内容之一。草地较少（9.6%），畜牧业以舍饲为主（表 4 - 32）。如何处理好农林牧的关系是耕作制研究的重要课题之一。

表 4 - 32　11 区耕作制特征

区号	土地利用结构				耕地结构				农业总产值结构				
	土地面积（万 hm^2）	耕地（%）	林地（%）	草地（%）	耕地面积（万 hm^2）	水田（%）	旱地（%）	有效灌溉（%）	农业总产值（亿元）	种植业（%）	牧业（%）	林业（%）	渔业（%）
11.1	3 202.0	25.6	59.9	4.8	821.1	53.0	47.0	48.7	5 398.6	46.2	5.3	27.0	21.4
11.2	1 609.6	17.0	62.7	19.3	273.5	22.0	78.0	42.8	657.2	49.8	17.8	29.9	2.4
全区	4 811.6	22.7	60.9	9.6	1 094.6	45.3	54.7	46.9	6 055.8	46.6	6.7	27.4	19.4

四、种植制度

1. 作物布局　粮食作物占总播种面积的 53.5%，其中水稻占粮食作物的 63.0%，双季稻占绝对优势（表 4 - 33）。其次为甘薯和少量玉米、豆类。玉米则在广西种植较多。麦类因高温、高湿而不适应，仅在山区有种植。经济作物较多，以甘蔗、花生、油菜为主，是我国主要的甘蔗产区。其他有桑蚕、红黄麻、烟草、蔬菜等。广东是我国四大桑蚕产地之一，但丝质较差。本区南部（11.2 区）是我国唯一的热作区，适于种植亚热带作物橡胶、胡椒、椰子、油棕、咖啡、可可、剑麻、香茅等以及南亚热带果木甘蔗、荔枝、龙眼、香蕉、柑橘等。

表 4 - 33　11 区种植制度

区号	播种面积（万 hm²）	粮食作物（%）								经济作物（%）						种植指数（%）
		水稻	小麦	玉米	高粱	谷子	杂粮	杂豆	薯类	大豆	花生	油菜	甘蔗	烟草	蔬菜	
11.1	775	39.1	0.1	6.0	—		0.1	0.2	5.0	1.5	5.9	—	10.7	0.2	27.2	134.8
11.2	252	17.0	4.6	27.6	0.1	0.2	5.1	2.0	5.9	3.6	1.3	3.4	11.4	10.7	6.8	131.5
全区	1 027	33.7	1.2	11.3	—		0.1	1.3	0.7	5.2	2.0	4.8	0.9	10.9	2.7	22.2	134.0

2. 复种　本区得天独厚，热量、水资源丰富，一年内大田三熟，蔬菜可以 6～7 收，桑蚕 7～8 收，茶叶 7～8 收，塘鱼收 3～4 次。种植指数最高的是潮汕平原、珠江、韩江、九龙江三角洲等平原，复种多，种植指数可达 240% 左右。海南岛热量高但开发晚，种植指数只有 163.2%，是我国提高种植指数潜力最大的地方。

本区复种类型多种多样，平原水田 95% 以上是双季稻，冬季除冬闲（约占 60%）外，可以种喜温作物，如水稻、甘薯、玉米、大豆、烟草、蔬菜等，它们与双季稻一起组成热三熟制。其中，甘薯—稻—稻分布在北纬 20° 以南。三季稻因水肥条件要求高、病虫害多，效益不好，种植甚少。台湾以双季稻为主，冬季作物多种多样，有烟草、玉米、大豆、豌豆、油菜、蔬菜、甘薯等。海南岛农田水利设施跟不上，冬闲田较多，约 2/3 以上的水田冬季休闲，在高山区还有一年一熟单季稻的。旱地主要两熟，也有三熟至四熟的。西双版纳种植指数低，2000 年仅为 122%。

3. 间套作　本地区间套作类型众多，不但旱地盛行，而且在水旱轮作的水田上也有分布。间套作与复种交叉组成多种多熟制类型。

在水田上的类型有：早稻—晚稻/甘薯（或大豆、烟草）；早稻/黄麻（或大豆、甘薯、蔬菜、甜瓜）—晚稻/冬作（烟草、玉米、亚麻、大豆、甘薯、蔬菜）；早稻/黄麻—晚稻；稻—花生/甘薯等。

旱地上的间套作方式更是五花八门，有：秋甘薯/甘蔗、早大豆/黄麻、花生/黄麻、玉米/豆类、小麦/花生—荞麦、小麦/黄豆/晚玉米/荞麦、小麦/早玉米/甘薯/晚玉米、甘蔗‖大豆、甘薯‖大豆、大豆‖花生、木薯‖大豆（绿豆）、玉米‖黄豆、早玉米晚玉米‖甘薯等。此外，多年生作物与一年生作物间套作也很多。如：柑橘‖花生（大豆、稻）、橡胶‖花生、橡胶‖林木‖茶、椰子‖豆类等。

4. 轮作　本区正规轮作极少，以水田双季稻连作为主，有少数水旱轮作。旱地则多为不规则的自由换茬，无严格的顺序与周期。

5. 种植方式

水田：

　　冬闲—早稻—晚（中）稻

　　喜凉冬作（蔬菜、马铃薯、蚕豆、油菜）—早稻—晚稻

　　喜温冬作（喜温蔬菜、大豆、花生、玉米、甘薯）—早稻—晚稻

　　冬闲—中稻—冬闲—中稻

水浇地：

　　菜瓜—菜瓜

旱地：

　　菜瓜—菜瓜

　　亚热带水果（荔枝、龙眼、香蕉、柑橘、茶）间作一年生作物

　　春花生—夏甘薯→春玉米‖大豆—夏甘薯

　　春玉米—夏玉米

　　甘蔗→甘蔗

五、养地制度

山区要以用材林与水源保护林相结合的方式，积极开展营林造林的工作，严禁毁林开荒，在陡坡和河源地区实行封山育林。

大力开展农业与农田基本建设工作，增强抗灾能力，改善农业生产条件。继续搞好水利配套设施，实行园田化。在丘陵缓坡地上修建小水库、水塘、梯田，治山治水结合，控制水土流失。

六、亚区

（一）华南低平原农林渔区（11.1区）

本亚区包括福建漳州至广东梅县—德庆一线以南，雷州半岛以北以及桂东海拔 500 m 以下的丘陵和沿海平原。土地总面积 3 202 万 hm²（不包括台湾、

香港、澳门）。为南亚热带气候，年均气温 19～27 ℃，大于 0 ℃积温 7 026～9 899 ℃，大于 10 ℃积温 6 780～9 899 ℃，年降水量 1 078～2 699 mm，无霜期 354～365 d。耕地中 53% 是水田，47% 是旱地。

耕作制以水田双季稻集约农牧渔混合制为主，兼有亚热带果园制与少量的桑（蔗、果）基鱼塘制，城郊型耕作制、外向型耕作制、沿海渔作制均较发达。作物以水稻为主，其次为甘薯、甘蔗、玉米，其他有大豆、花生、小麦等。水田的种植制度以冬闲与双季稻为主，有少量凉三熟和热三熟，水利条件较差的多为水旱两熟或一水二旱三熟制；旱地以两熟为主。本区优良的水热条件，适宜发展亚热带热带作物与水果，如香蕉、甘蔗、荔枝、龙眼、冬季蔬菜。因地处沿海，面临港澳，有发展外向型农业的良好市场条件。农业集约化水平较高，每一农业人口只有 0.06 hm² 耕地，劳力集约度较高。每公顷施化肥（折纯）549 kg，每公顷农机总动力为 6.2 kW。

（二）华南西双版纳山地丘陵农林牧区（11.2 区）

本区土地总面积 1 610 万 hm²（不包括台湾）。1 月均温 9～17 ℃，大于 0 ℃积温 5 684～8 772 ℃，大于 10 ℃积温 5 167～8 767 ℃，年降水量丰沛，为 788～2 211 mm，是我国重要的热带作物宝地，可种植椰子、菠萝、剑麻、橡胶、香茅等热带作物。可以实行热三熟制，自然资源开发利用潜力甚大。

耕作制以水田单双季稻二熟制与旱地粗放雨养二熟制为主。水利建设差，水田占耕地面积的 22%，单季稻加一季旱作的两熟制比例大；旱地也大多两熟，少量实行旱三熟或一水两旱。每公顷施化肥（折纯）304 kg，每公顷农机总动力 4.4 kW。

本亚区有得天独厚的热带亚热带资源，当前尚实行传统的粗放自给型耕作制，在这么优越的自然条件下，农村经济不发达，农民净收入仅为 8 354 元。今后，要开放门户，开发资源，从原始传统的粗放耕作制，向集约商品现代化耕作制过渡。尤其是要大力发展热带、亚热带作物、果树、蔬菜相关产业及旅游业。

第五章

区域主要作物生产变化特征

第一节　面积变化特征

一、主粮作物

我国主粮作物（水稻、小麦和玉米）主要集中在东北平原一熟区、黄淮海平原二熟区以及长江中下游平原二三熟区，三个农作区累积播种面积占全国总量的一半以上。近 30 年东北平原一熟区播种面积增加了 7%，黄淮海平原二熟区播种面积变化不大，长江中下游平原二三熟区播种面积降低了 4%（表 5-1）。

表 5-1　1985—2015 年主粮作物播种面积耕作制分区比例

单位:%

耕作制一级区	1985 年	1990 年	1995 年	2000 年	2005 年	2010 年	2015 年
东北平原一熟农作区	9.9	9.9	10.0	9.1	11.7	14.6	16.9
长城沿线内蒙古一熟农作区	2.6	3.5	4.1	4.1	4.8	5.5	6.2
甘新绿洲一熟农作区	2.1	2.0	1.8	1.7	1.6	2.2	2.7
青藏高原一熟农作区	0.3	0.3	0.3	0.3	0.2	0.2	0.2
黄土高原一二熟农作区	8.6	8.4	8.3	8.7	8.6	8.5	8.3
黄淮海平原二熟农作区	25.3	26.2	26.9	27.7	27.5	28.0	26.8
西南山地二熟农作区	7.9	7.9	8.2	8.8	7.9	6.8	6.6
四川盆地二熟农作区	7.6	7.4	8.0	7.7	6.9	6.0	5.4
长江中下游平原二三熟农作区	22.4	21.6	20.2	19.7	20.0	19.0	18.4
江南丘陵山地三熟农作区	6.1	5.9	5.7	5.4	4.8	3.9	3.5
华南三熟农作区	7.2	7.0	6.6	6.6	5.9	5.3	5.0

近 30 年我国主粮作物种植逐渐向东北一熟地区和黄淮海二熟地区集中，四川盆地及长江中下游传统农业区主粮种植面积有所下降。1985 年，县域主粮作物播种面积在 5 万 hm² 以上的区域，主要分布在东北的三江平原和松嫩

平原地区，其中嫩江县、五大连池市等地区达到了 10 万 hm² 以上，在黄淮海二熟区以及长江中下游二三熟区的大部分地区播种面积均达到 5 万 hm² 以上，少量县域达到 10 万 hm² 及以上，如滑县、太康县等。2000 年以前，播种面积在 5 万 hm² 以上的县域主要集中在东北地区的松嫩平原，黄淮海二熟区及长江中下游大部分地区。2000 年后，播种面积在 5 万 hm² 以上的县域集中在东北地区、内蒙古与东北交界区，黄淮海区中北部、长江中下游二三熟区的北部地区，播种面积在 10 万 hm² 以上的县域主要集中在三江平原、松嫩平原、山东西部、苏豫皖交界处以及鄱阳湖平原地区。

二、杂粮作物

1985 年，杂粮作物（高粱和谷子）主要集中在东北平原一熟区、黄淮海平原二熟区和长城沿线内蒙古一熟区以及黄土高原一二熟区。至 2015 年，东北平原一熟区和黄淮海一二熟区集中度降低，逐渐集中于黄土高原一二熟区以及长城沿线内蒙古一熟农作区（表 5-2）。

表 5-2　1985—2015 年杂粮作物播种面积耕作制分区比例

单位：%

耕作制一级区	1985 年	1990 年	1995 年	2000 年	2005 年	2010 年	2015 年
东北平原一熟农作区	26.4	19.5	20.0	18.9	15.7	10.9	7.2
长城沿线内蒙古一熟农作区	24.8	29.5	30.6	29.8	34.1	39.2	41.2
甘新绿洲一熟农作区	0.2	0.5	0.5	0.6	0.1	0.4	1.3
青藏高原一熟农作区	0.0	0.0	0.0	0.5	0.3	0.6	0.9
黄土高原一二熟农作区	17.0	21.3	21.6	23.0	22.1	18.7	17.7
黄淮海平原二熟农作区	27.8	25.5	22.8	20.4	16.5	10.3	9.6
西南山地二熟农作区	0.7	0.8	0.4	1.5	2.4	3.7	8.2
四川盆地二熟农作区	2.1	1.9	2.6	3.3	7.1	14.9	7.9
长江中下游平原二三熟农作区	0.6	0.6	0.8	1.0	0.9	0.5	5.0
江南丘陵山地三熟农作区	0.1	0.2	0.5	0.5	0.9	0.4	0.4
华南三熟农作区	0.1	0.1	0.3	0.3	0.3	0.2	0.5

近 30 年我国杂粮作物种植主要集中在内蒙古东部地区，但面积呈快速下降趋势。1985 年，杂粮作物播种面积大于 5 000 hm² 的县域主要分布在东北的松嫩平原，内蒙古东部，河北北部和东南部、山西东部、陕西北部、宁夏东部、山东中部以及河南零星县域。在新疆部分县域、内蒙古中部、长白山地区以及黄淮海中南部、黄土高原西南部、四川盆地、西南山地以及长江中下游北

部和东部、江南及华南等地均有少量种植。2000 年，播种面积在 5 000 hm² 以上的县域主要分布在内蒙古东四盟地区、山西中北部以及陕西北部等地区。2015 年，播种面积在 5 000 hm² 以上的县域主要分布在内蒙古东部和吉林西部地区，在河北、山东、内蒙古西部、新疆部分区域以及山西、陕西北部、重庆以及四川东部、湖南中部及贵州也有少量种植。

三、油料作物

1985 年，油料作物（大豆、花生和油菜）集中于东北一熟区、黄淮海二熟区以及长江中下游二三熟区，此后，东北一熟区播种面积占比在波动中降低至 17.5%，黄淮海二熟区则逐年降低至 17.8%，长江中下游二三熟区由 19.2% 增加至 25.7%，西南山区增加 3.5%（表 5-3）。

表 5-3　1985—2015 年油料作物播种面积耕作制分区比例

单位：%

耕作制一级区	1985 年	1990 年	1995 年	2000 年	2005 年	2010 年	2015 年
东北平原一熟农作区	21.4	15.6	15.3	18.2	24.4	25.3	17.5
长城沿线内蒙古一熟农作区	2.9	3.1	3.2	3.3	2.6	3.2	2.8
甘新绿洲一熟农作区	0.6	0.9	0.8	0.9	0.5	0.8	0.6
青藏高原一熟农作区	0.6	0.4	0.8	0.7	0.6	0.6	0.7
黄土高原一二熟农作区	5.0	6.2	5.2	5.2	5.4	5.6	6.1
黄淮海平原二熟农作区	26.7	23.9	24.5	23.2	20.2	17.9	17.8
西南山地二熟农作区	8.0	9.3	8.3	8.5	8.6	9.5	11.5
四川盆地二熟农作区	7.4	7.1	6.7	6.5	7.0	7.9	9.5
长江中下游平原二三熟农作区	19.2	24.9	26.8	25.8	23.3	23.0	25.7
江南丘陵山地三熟农作区	3.7	4.2	4.1	3.8	3.6	2.8	3.5
华南三熟农作区	4.5	4.4	4.2	3.9	3.8	3.5	4.3

近 30 年我国油料作物主要集中在东北中北部地区、长江中下游地区及四川盆地也有一定种植面积，黄淮海地区种植比例逐渐下降。1985 年播种面积在 1 万 hm² 以上的县域分布东北地区、黄淮海与长江中下游交界地区及四川盆地等地区，其中三江平原的部分县域达到了 5 万 hm² 以上。2000 年以后，油料作物播种面积在东北进一步扩大，并不断向中北部集中，典型播种县域为黑龙江的海伦市、五大连池市、宾县、讷河市、甘南县、内蒙古的扎兰屯市、吉林的榆树市、木兰县等地，此外安徽的寿县、霍邱县、肥东县、定远县播种面积也达到 5 万 hm² 以上。

四、马铃薯

1985 年，马铃薯播种主要分布于西南山地、黄土高原、东北平原一熟区、四川盆地以及长城沿线内蒙古一熟区。至 2015 年，主要分布于西南山地、黄土高原、四川盆地和长城沿线内蒙古一熟区。东北平原一熟区占比降低了一半，其他各区域播种面积占比变化不大（表 5-4）。

表 5-4　1985—2015 年马铃薯播种面积耕作制分区比例

单位：%

耕作制一级区	1985 年	1990 年	1995 年	2000 年	2005 年	2010 年	2015 年
东北平原一熟农作区	12.0	9.5	10.9	13.1	11.1	8.9	6.5
长城沿线内蒙古一熟农作区	16.3	15.0	17.4	20.3	16.7	17.2	13.5
甘新绿洲一熟农作区	1.0	0.5	0.5	1.3	1.2	1.3	1.3
青藏高原一熟农作区	1.4	2.0	2.0	1.3	1.5	1.1	1.7
黄土高原一二熟农作区	17.3	16.7	16.5	14.5	19.4	17.1	17.2
黄淮海平原二熟农作区	2.8	0.8	2.9	2.0	1.1	1.7	1.3
西南山地二熟农作区	34.3	36.9	28.3	32.0	32.4	32.3	36.4
四川盆地二熟农作区	12.7	13.8	14.3	8.5	10.4	13.5	14.0
长江中下游平原二三熟农作区	0.6	1.1	1.7	2.1	2.8	2.7	3.2
江南丘陵山地三熟农作区	0.7	2.6	3.5	3.2	2.2	2.1	2.1
华南三熟农作区	0.8	1.1	2.0	1.7	1.2	2.1	2.8

近 30 年我国马铃薯种植主要集中在内蒙古及长城沿线地区、黄土高原及四川盆地等地区，且种植愈发集中。东北地区种植面积有所下降，长江中下游及甘新地区种植面积有缓慢上升趋势。1985 年，我国马铃薯种植主要分布在东北、内蒙古、山西、陕西、四川、重庆、贵州、云南等地，播种面积在 5 000 hm² 以上的县域主要分布在松嫩平原、河北西北部、陕西北部、甘肃东部及川渝交界处等地区。到 2000 年，马铃薯播种面积在县域范围内有所扩大，播种面积大于 5 万 hm² 的县域明显增多，以松嫩平原、内蒙古中部、川渝地区、陕西北部、山西北部及甘肃东部为代表。2015 年，马铃薯播种面积在全国范围内有所扩大，表现在新疆、青海以及西藏少数县，但播种面积基本保持在 1 000 hm² 以下，四川盆地周边山地地区种植面积增加较快。

五、棉花

1985 年，棉花主要集中于黄淮海二熟区（60.6%）和长江中下游二三熟区（24.8%）；2015 年主要分布在甘新一熟区（45.8%）、黄淮海二熟区（31.4%）和长江中下游二三熟区（20.2%）。棉花种植面积由黄淮海转移至甘新区，长江中下游平原二三熟区降低了近 5%（表 5-5）。

表 5-5　1985—2015 年棉花播种面积耕作制分区比例

单位：%

耕作制一级区	1985 年	1990 年	1995 年	2000 年	2005 年	2010 年	2015 年
东北平原一熟农作区	0.5	0.2	0.2	0.1	0.0	0.0	0.0
长城沿线内蒙古一熟农作区	0.4	0.2	0.6	0.5	0.7	0.5	0.0
甘新绿洲一熟农作区	3.1	5.3	9.7	17.2	14.1	22.7	45.8
青藏高原一熟农作区	0.0	0.0	0.0	0.0	0.0	0.0	0.0
黄土高原一二熟农作区	6.9	6.7	7.6	6.0	6.5	4.9	2.0
黄淮海平原二熟农作区	60.6	62.9	51.5	49.8	57.2	47.1	31.4
西南山地二熟农作区	0.5	0.4	0.4	0.4	0.2	0.2	0.2
四川盆地二熟农作区	2.3	2.2	2.6	1.9	0.6	0.4	0.3
长江中下游平原二三熟农作区	24.8	22.0	27.2	24.0	20.5	24.1	20.2
江南丘陵山地三熟农作区	0.7	0.2	0.2	0.2	0.1	0.1	0.1
华南三熟农作区	0.1	0.0	0.0	0.0	0.0	0.0	0.0

近 30 年我国棉花播种面积愈发向新疆地区集中，尤其在 2000 年以后增速较快，而黄淮海及长江中下游棉区逐渐萎缩。1985 年棉花播种面积在全国大部分县域在 1 万 hm² 以下，黄淮海地区部分县域达到 1 万～3 万 hm²，棉花种植主要分布在甘新地区、黄淮海地区和长江中下游地区。2000 年开始甘新地区棉花播种面积有所增加，部分县域突破 1 万 hm²，黄淮海地区棉花种植逐渐下降。2015 年，新疆县域棉花播种面积进一步扩大，部分地区种植面积突破 3 万 hm²，而黄淮海地区及长江中下游地区播种面积基本萎缩在 1 万 hm² 以下。

第二节　产量变化特征

一、主粮作物

1985 年，主粮作物产量集中于黄淮海地区和长江中下游地区，四川盆地和东北成为第三、第四大产量区。西南山地、江南丘陵和华南农作区贡献均不到 7%。此后，东北农作区在波动中增长，产量占比在 2015 年达到全国的近 1/5；黄淮海地区小幅增长，在 2015 年，保持在 28% 左右；而长江中下游地区主粮作物产量贡献降低了近 10%（表 5-6）。

表 5 - 6　1985—2015 年主粮作物产量耕作制分区比例

单位:%

耕作制一级区	1985 年	1990 年	1995 年	2000 年	2005 年	2010 年	2015 年
东北平原一熟农作区	8.6	12.0	11.9	10.1	14.2	17.4	19.3
长城沿线内蒙古一熟农作区	1.9	3.0	3.5	3.4	4.8	5.1	6.0
甘新绿洲一熟农作区	1.7	1.7	1.7	1.9	1.9	2.6	3.2
青藏高原一熟农作区	0.2	0.2	0.2	0.2	0.2	0.1	0.1
黄土高原一二熟农作区	6.0	6.0	5.0	5.6	6.0	6.4	6.3
黄淮海平原二熟农作区	24.0	24.2	27.6	27.4	27.2	28.9	27.8
西南山地二熟农作区	6.5	6.1	6.3	7.7	6.9	5.9	5.4
四川盆地二熟农作区	9.0	8.5	8.5	8.5	7.2	5.9	5.3
长江中下游平原二三熟农作区	28.4	25.5	23.0	22.7	21.7	20.0	19.2
江南丘陵山地三熟农作区	6.9	6.0	5.9	5.7	4.6	3.4	3.2
华南三熟农作区	6.8	6.7	6.4	6.7	5.3	4.2	4.2

　　近 30 年我国主粮作物总产呈上升趋势，东北地区、黄淮海地区及长江中下游地区产量较高。1985 年，主粮产量在 10 万～50 万 t 区域主要分布在东北地区、黄淮海地区、长江中下游地区以及四川盆地地区，少量县市产量突破 50 万 t。2000 年，主产区主粮作物产量突破 50 万 t 的县、市有所增加，甘新地区部分地区产量也突破 10 万 t。2015 年，主产区主粮产量进一步增加，其中东北地区、黄淮海地区及长江中下游大部分地区主粮产量均达到 50 万 t 水平，甘新地区产量也进一步增长。

二、杂粮作物

　　1985 年，东北一熟区杂粮作物产量占比达到全国的 1/4、黄淮海二熟区达到近 28%，长城沿线内蒙古农作区达到 25% 以上，黄土高原区产量为 17.8%。至 2015 年长城沿线内蒙古农作区产量占比达到 40% 以上，黄土高原降低至近 10%，黄淮海二熟区降低为 10.2%，四川盆地和西南山区增加至 10% 以上（表 5 - 7）。

表 5 - 7　1985—2015 年杂粮作物产量耕作制分区比例

单位:%

耕作制一级区	1985 年	1990 年	1995 年	2000 年	2005 年	2010 年	2015 年
东北平原一熟农作区	25.0	25.0	30.4	26.4	22.8	15.1	9.9
长城沿线内蒙古一熟农作区	25.4	26.9	24.1	18.7	37.3	35.4	42.1
甘新绿洲一熟农作区	0.1	0.8	0.8	1.0	0.1	0.4	1.9

（续）

耕作制一级区	1985年	1990年	1995年	2000年	2005年	2010年	2015年
青藏高原一熟农作区	0.0	0.0	0.0	0.6	0.2	0.5	0.7
黄土高原一二熟农作区	17.3	20.8	16.9	20.8	14.0	11.1	11.2
黄淮海平原二熟农作区	27.8	23.2	23.7	25.0	15.2	9.5	10.2
西南山地二熟农作区	0.3	0.4	0.3	1.1	1.4	3.1	10.9
四川盆地二熟农作区	3.2	2.3	2.8	4.2	7.6	23.9	10.8
长江中下游平原二三熟农作区	0.7	0.4	0.7	1.4	1.0	0.5	1.4
江南丘陵山地三熟农作区	0.1	0.1	0.2	0.5	0.4	0.3	0.3
华南三熟农作区	0.1	0.1	0.2	0.3	0.2	0.2	0.5

近30年我国杂粮产量呈不断下降趋势，主要是由于播种面积逐渐萎缩所致。1985年，长城沿线内蒙古西部、吉林东部、黄淮海中部及与黄土高原北部地区县域产量普遍在1万t以上，少数县域达到10万t水平。2000年，杂粮县域产量基本不超过1万t，黄淮海地区及黄土高原地区下降较快。2015年，全国杂粮产量主要集中在内蒙古西部地区，其余地区产量有限。

三、油料作物

1985年，东北一熟区油料作物产量占比21.7%，黄淮海二熟区在30年间由32.6%降低至26.3%，长江中下游二三熟区产量在30年间全国占比增加了近6%。其余各农作区在30年间波动范围不大（表5-8）。

表5-8 1985—2015年油料作物产量耕作制分区比例

单位：%

耕作制一级区	1985年	1990年	1995年	2000年	2005年	2010年	2015年
东北平原一熟农作区	21.7	17.2	14.2	16.2	23.6	24.1	15.1
长城沿线内蒙古一熟农作区	2.1	2.4	1.6	1.4	1.8	2.1	1.5
甘新绿洲一熟农作区	0.5	0.8	0.8	0.9	0.6	0.8	0.6
青藏高原一熟农作区	0.4	0.3	0.4	0.4	0.5	0.4	0.5
黄土高原一二熟农作区	4.2	5.5	4.5	4.5	5.1	5.7	6.3
黄淮海平原二熟农作区	32.6	30.2	36.0	33.0	26.6	26.2	26.3
西南山地二熟农作区	5.8	6.7	5.8	6.1	6.2	6.1	8.5
四川盆地二熟农作区	7.7	7.5	6.0	6.3	6.9	7.7	9.4
长江中下游平原二三熟农作区	18.2	22.3	23.4	24.2	21.9	21.1	24.0
江南丘陵山地三熟农作区	3.1	3.3	3.4	3.3	3.3	2.7	3.4
华南三熟农作区	3.6	3.9	3.8	3.7	3.5	3.1	4.4

近30年我国油料作物各地区产量整体呈增加趋势，其中东北地区增速较快。1985年，全国油料作物产量仅在东北地区部分县域表现在5万t以上，其中嫩江县等地区产量更是达到10万t水平，其余大部分地区油料作物产量在1万t水平。2000年，东北地区油料作物产量进一步增加，北部地区大部分县市产量达到10万t水平。而黄淮海南部地区及长江中下游北部地区部分县市产量也达到5万t水平。2015年，各地区油料作物产量变化不大，东北地区及四川盆地地区油料作物产量呈增加趋势。

四、马铃薯

马铃薯产量主要集中于我国西南山区、四川盆地、黄土高原及长城沿线内蒙古高原地区。1985—2015年间西南山区、黄土高原和四川盆地马铃薯产量波动幅度不大，其中西南山地的马铃薯产量占比维持在34%左右，为全国最大的产量贡献农作区，长城沿线内蒙古高原地区比重有所下降（下降3.3%）。东北农作区近30年马铃薯产量也呈现先增后减的趋势（表5-9）。

表5-9 1985—2015年马铃薯产量耕作制分区比例

单位：%

耕作制一级区	1985年	1990年	1995年	2000年	2005年	2010年	2015年
东北平原一熟农作区	12.1	13.4	14.4	15.3	14.3	15.0	9.8
长城沿线内蒙古一熟农作区	14.9	14.4	12.4	16.5	13.2	12.4	11.6
甘新绿洲一熟农作区	1.4	0.9	0.8	1.3	2.6	2.2	2.5
青藏高原一熟农作区	1.6	2.0	2.1	1.2	1.5	1.1	1.8
黄土高原一二熟农作区	14.4	14.8	12.9	12.6	16.3	13.3	14.2
黄淮海平原二熟农作区	5.9	4.2	5.4	3.6	2.1	3.3	2.8
西南山地二熟农作区	34.5	33.5	28.4	32.5	32.4	30.5	34.1
四川盆地二熟农作区	13.4	12.3	16.5	8.7	10.9	14.1	13.7
长江中下游平原二三熟农作区	0.7	1.1	2.0	2.7	3.3	3.6	4.3
江南丘陵山地三熟农作区	0.5	2.2	3.1	3.4	2.3	2.4	2.3
华南三熟农作区	0.7	1.2	2.0	2.1	1.1	2.0	3.0

近30年我国马铃薯产量整体呈增加趋势，主要集中在内蒙古中部、黄土高原西部、四川盆地及周边山区，东北地区产量有所下降。1985年，马铃薯产量在东北松嫩平原、内蒙古中部及川渝交界处等县域达到1万t以上。2000年后，围绕以上区域为中心高产县数量持续增加，部分县域马铃薯产量达到5万t及以上，且1万~5万t县域分布逐渐扩大。2015年，东北地区产量在5万t以上的

县域有所减少，主要县域产量在 1 万~5 万 t，西南山地与四川盆地马铃薯产量达到 5 万 t 以上的县域逐渐增加，其余地区普遍维持在 1 万~5 万 t 水平。

五、棉花

1985 年，棉花产量集中于黄淮海二熟区以及长江中下游二三熟区，黄淮海二熟区的棉花产量在 1985 年达到全国的 60% 以上，而长江中下游二三熟区达到近 30%，两区的产量贡献达到全国的 90%，此后，黄淮海农作区逐渐降低至全国产量的 25%，长江中下游地区产量占比下降了 10%，而甘新区在 30 年间棉花产量增加至全国的 54.9%。成为全国棉花产量贡献最大的区域（表 5 - 10）。

表 5 - 10　1985—2015 年棉花产量耕作制分区比例

单位：%

耕作制一级区	1985 年	1990 年	1995 年	2000 年	2005 年	2010 年	2015 年
东北平原一熟农作区	0.3	0.1	0.1	0.1	0.0	0.0	0.0
长城沿线内蒙古一熟农作区	0.4	0.2	0.6	0.6	1.0	0.7	0.0
甘新绿洲一熟农作区	1.3	6.6	13.9	22.0	26.6	29.1	54.9
青藏高原一熟农作区	0.0	0.0	0.0	0.0	0.0	0.0	0.0
黄土高原一二熟农作区	5.3	6.3	6.3	4.5	5.0	4.0	1.6
黄淮海平原二熟农作区	60.7	57.6	42.4	47.2	47.2	40.9	25.3
西南山地二熟农作区	0.4	0.3	0.3	0.3	0.1	0.2	0.1
四川盆地二熟农作区	2.7	2.5	2.3	1.4	0.4	0.3	0.2
长江中下游平原二三熟农作区	28.0	26.1	33.6	23.7	19.4	24.7	17.7
江南丘陵山地三熟农作区	0.8	0.1	0.4	0.1	0.0	0.1	0.1
华南三熟农作区	0.0	0.0	0.0	0.0	0.0	0.0	0.0

近 30 年我国棉花产量主要向新疆地区集中，南疆大部分棉区产量达到 50 万 t 水平。1985 年，棉花产量突破万吨区域主要分布在黄淮海及长江中下游少数县域，新疆地区棉花产量基本在 5 000 t 以下。2000 年，新疆部分棉区产量增速较快，部分县域突破 3 万 t 水平，其余地区也陆续达到 1 万 t 水平。2015 年后，新疆大部分县域棉花产量达到 3 万 t 水平，而黄淮海地区及长江中下游部分县域棉花产量下降到 1 万 t 以下。

第三节　种植结构变化特征

我国农作物种植丰富度较高的地区主要集中在我国西南地区及北方干旱冷

凉地区（并未统计果树等经济作物）。近30年我国农作物种植丰富度指标总体呈现先增后减的趋势，除东北平原外，其余绝大部分地区在2000年以前农作物种植种类数呈上升趋势，多样性不断升高，2000年以后开始有所下降。三大主产区中东北平原近30年农作物种植多样性一直呈不断下降趋势，长江中下游平原作物多样性则不断升高，黄淮海平原则呈现先增加后降低的趋势（表5-11）。

表5-11　全国农作物种植多样性变化特征

耕作制一级区	丰富度			均匀度		
	1985年	2000年	2015年	1985年	2000年	2015年
东北平原一熟农作区	6.8	5.9	4.9	0.62	0.57	0.36
长城沿线内蒙古一熟农作区	4.8	5.5	5.2	0.52	0.56	0.39
甘新绿洲一熟农作区	3.9	4.1	4.6	0.44	0.55	0.43
青藏高原一熟农作区	2.3	2.8	2.8	0.41	0.45	0.47
黄土高原一二熟农作区	6.6	6.5	5.9	0.59	0.61	0.60
黄淮海平原二熟农作区	6.5	6.8	6.3	0.65	0.64	0.59
西南山地二熟农作区	7.3	7.7	7.2	0.66	0.71	0.70
四川盆地二熟农作区	6.6	7.4	7.2	0.66	0.71	0.73
长江中下游平原二三熟农作区	4.7	5.7	6.2	0.44	0.49	0.50
江南丘陵山地三熟农作区	5.7	6.7	6.5	0.29	0.45	0.48
华南三熟农作区	3.8	4.3	4.4	0.28	0.37	0.41
全国	6.0	6.2	6.1	0.53	0.57	0.52

从空间变化来看，近30年全国农作物种植多样性呈逐渐下降趋势，主要集中在内蒙古长城沿线、东北平原、黄淮海平原、长江中下游平原及西南山地等地区。整体来看，全国大多数农作区播种作物均在3~5种及以上，其中黄淮海平原、长江中下游平原及西南山地等地区播种类型达到9~10种，青藏高原地区作物类型最少，大部分地区作物种类为1~2种。1985年，全国大部分地区播种作物种类在6~8种水平，其中黄土高原、黄淮海平原、长江中下游平原西部及西南山地东部地区播种种类达到9~10种。2000年，全国除甘新地区外，其余地区播种多样性有所增加。内蒙古长城沿线一熟区西部地区，作物种类数达到9~10种，黄淮海平原、长江中下游平原及西南山地地区播种种类在9~10种的县域有所增加。2015年，全国农作物种植丰富度快速下降，几乎所有地区作物种类数都有所下滑，作物种类数在9~10种水平的县域，只零星分布在长江中下西部及西南山地东南部地区，大部分地区作物种类数下降为6~8种，东北地区更是下降为3~5种。

　　本研究使用辛普森多样性指数进行各农作区内作物种植结构的分析，主要反映其丰富度以及均匀度，指数越大，均匀性（即各作物播种面积比例）越好，多样性越高。总体来看，我国农作区种植均匀程度较高的地区集中在我国北方地区及西南地区，而长江以南地区及西北干旱冷凉地区种植均匀度较低（表5-11）。近30年全国农作区种植辛普森指数总体呈先增加后减少趋势，只有四川盆地及周边地区种植均匀度保持在较高水平，东北平原及黄淮海平原均匀度下降显著，说明该地区作物种植结构愈发单一，优势作物比重越来越大。1985年，我国东北地区、内蒙古长城沿线地区、黄淮地区、四川盆地及周边地区作物种植均匀度较高，说明该地区作物种类较多且分布较为平均。2000年开始，我国北方地区（东北平原、内蒙古长城沿线、黄土高原及黄淮海平原）均匀度快速下降，优势作物逐渐发展。2015年，上述地区作物种植均匀度进一步下降，说明该地区种植结构逐渐从多元化走向单一化，优势作物占绝对主导地位。我国长江以南地区农作物种植辛普森指数呈不断增加趋势，说明南方地区各类作物种植比例逐渐接近，从传统单一水稻种植为主导逐渐转为多种作物替换种植模式，种植结构多样性较高。

　　总体来看，近30年我国的种植结构发生了较为明显的变化，整体种植多样性下降，种植结构愈发单一，各类农作物开始形成主产区优势，如主粮作物分布在东北一熟区、黄淮海二熟区以及长江中下游二三熟农作区，棉花逐渐在黄淮海以及长江中下游地区退出，在新疆形成新的优势生产区，油料作物种植在东北地区以大豆为主，花生主要分布在黄淮海二熟农作区以及长江中下游农作区。而油菜的生产主要体现在我国的中部和南部地区。种植结构单一化加剧了我国区域农业生态环境压力，随着当前我国农业现代化及绿色可持续农业发展的要求，未来如何平衡粮食安全与生态可持续将成为重点研究方向，合理的种植结构调整及布局优化对于我国农业现代化转型至关重要。

第六章

我国耕作制度发展趋势展望

当前及未来相当长一个时期，推动以生态文明建设为核心的社会经济转型发展是我国重大战略任务，耕作制发展战略不仅考虑当前的利益，也要照顾长远的生存与发展，实行可持续发展战略，将生产持续性、社会经济持续性与生态持续性有机结合，以达到粮食安全、农村经济繁荣与保护改善资源环境的目的。

一、发展适应规模化与全程机械化的集约高效耕作制度

随着农业组织化、规模化程度快速提高以及农村劳动力向二三产业迅速转移，传统的适宜一家一户的种植制度与土壤耕作制度需要改革。土地流转和多种形式规模经营，是发展现代农业的必由之路，也是我国农村改革的基本方向。近年来，我国各级政府和相关部门出台许多扶持政策鼓励发展多种形式适度规模经营和培育新型农业经营主体，有效解决农户分散经营机械化程度低和生产效率低及效益差的问题。同时，即使没有土地流转，农村家庭经营产前、产中、产后的生产性社会化服务也是我国农业发展的根本趋势，"足不出户买农资，足不出户用农机，足不出户知农事，足不出户管农田"会越来越普遍。传统耕作制度普遍存在对机械化作业的主动适应性不够，非标准化生产和低技术集成度，导致机械化程度和劳动生产率提高缓慢，适应规模化与全程机械化将是我国耕作制度发展的重点。

第一，要全力推进农业主产区水稻—小麦、水稻—油菜、小麦—玉米等主体种植模式的全程机械化生产，完善农田全程机械化周年高产技术集成、作物秸秆还田配套耕作机械及种植方式、栽培耕作技术等，这是我国粮食主产区耕作制度改革发展的重点任务。第二，要有效解决我国丰富多样的轮作制度的全程机械化问题，目前主粮作物的机械化水平很高，但小宗作物的机械化问题还没有很好解决，制约了我国轮作模式的大面积应用，需要在模式优化设计及配套栽培耕作技术体系中充分考虑农机作业要求。第三，要创新间套作机械化作业的田间配置调控技术，在作物及品种类型选择上充分考虑全程机械化的可行性，在带型、间距、行株距配置上适宜机械化作业；再结合耕、种、收新机具

的创制，解决间套种植、农艺农机融合的难题，推进我国多熟耕作制的转型升级。

二、发展适应资源环境保护和绿色发展的新型耕作制度

绿色发展是按照人与自然和谐的理念，以效率、和谐、可持续为目标的经济增长和社会发展方式，已经成为当今世界发展趋势。农业绿色发展是农业发展观的一场深刻革命，农业发展要由主要满足"量"的需求向更注重"质"的需求转变。利用有限的资源增加优质安全农产品供给，把农业资源利用过高的强度降下来，把农业面源污染加重的趋势缓下来，让生态环保成为现代农业鲜明标志。长期以来，粮食持续高产作为保障国家粮食安全的主要支撑，低产变中产、中产变高产、高产再变超高产等一直是我国农业生产发展的基本思路和目标。传统的高投入、高产出的集约化模式由于片面追求高产，不仅容易造成资源利用效率不高，而且对生态环境质量的压力越来越大，已成为农业生产可持续发展的关键制约因素。因此，协调农业增产、农民增收和资源持续高效利用、环境保护等突出矛盾，是保障我国农业持续高效发展的关键。

一方面，需要改革传统资源高耗、低效耕作制度，有效解决我国粮食主产区及高产农区普遍存在的资源投入高、利用效率低、成本收益差的问题，显著提高水、土、肥等资源投入效率，实现农业生产节本增效。由于农田过度利用带来的耕地质量问题已经不容忽视，粮食主产区耕地土壤普遍存在不同程度的耕层变浅、容重增加、养分效率降低等问题，而且由于不合理的施肥、耕作、植保等造成的耕地生态质量问题日益突出。构建以多熟高效型节地、地力提升节地为主体的节地耕作制度；以区域节水种植结构与布局、节水种植模式、节水灌溉制度等优化为主体的节水型耕作制度；以农田养分综合管理、秸秆及有机肥还田技术等为主体的节肥耕作制度。另一方面，需要针对南方水网密集区和城郊地区农药化肥投入超量、养分流失严重，区域水体富营养化程度不断加重，部分农田土壤有毒物质累积超标，生态安全问题不断凸现等问题，要在确保高产高效前提下，在作物周年优化配置基础上，进行农田有害生物综合防治、有毒物质阻控和消减综合控制、农田流失性养分减排，构建环境友好型耕作制度标准化模式与技术体系及规范，建立基于生态补偿机制的新型耕作制度。

三、发展适应与农业产业融合的多功能耕作制度

农业多功能性是指农业具有经济、生态、社会和文化等多方面功能，在提供农副产品、促进社会发展、保持政治稳定、传承历史文化、调节自然生态等方面都有贡献。20世纪90年代初，欧共体提出"农业的多功能"，强调"农业不仅提供了健康的、高质量的食物和非食物产品，它还在土地利用、城乡计

划、就业、活跃农村、保护自然资源和环境、田园景色方面起着重要作用"。近年来，我国在国家及地方层面上都已经明确拓展农业功能和开发农业多功能性，推进农业一二三产业深度融合。发展多功能农业与结构调整、城乡融合、乡村振兴、农民富裕紧密联结在一起，尤其是推进农业生产与旅游、教育、文化、健康养老等产业的融合。

发展多功能耕作制度的核心是按照生态系统服务理论将生产、生态、生活服务功能一体化开发，在稳定提升农业生态系统提供产品供应功能基础上，开发利用农业生态系统在净化环境、调节气候、保持水土和生物多样性维护等生态服务功能及生态景观与传统文化美感等文化功能，有效支撑区域农业生产的生态建设、环境美化及农业文旅产业发展。一方面，需要通过耕作制度改革显著强化农田系统的生态功能。通过建立生态高效的作物种植模式，包括作物的轮作休耕、间混套作及种养结合等模式，促进用养结合、资源节约、环境友好；通过建立生态高效的土壤耕作模式，包括保护性耕作、土壤耕层改良、生物多样性保护与土壤健康调控等，提升土壤生态功能；通过建立农田外部生态走廊、生态缓冲带、拦截带等，增强生物多样性和控制农业面源污染。另一方面，需要通过耕作制创新显著提升农田系统的景观功能。强化农田景观功能的改造提升及生态景观服务功能，有效解决农村农田脏乱差和田园景观质量差的问题；通过耕作制度优化设计，有效挖掘农业文化、休闲旅游功能。

四、探索典型区域轮作休耕耕作制度构建途径与模式

我国耕地开发利用强度过大，一些地方地力严重透支，水土流失、地下水严重超采、土壤退化、面源污染加重已成为制约农业可持续发展的重要因素。在严守耕地红线和确保国家粮食安全前提下，在我国地下水漏斗区、重金属污染区、生态严重退化区实施休耕制度，对加快生态环境恢复能力建设，促进耕地可持续利用，实现"藏粮于地、藏粮于技"战略目标具有战略意义。轮作休耕是构建"用养结合"种植制度的重要基础，将禾谷类作物与豆类作物、旱地作物与水田作物等轮换种植，可以调节土壤理化环境、改善土壤生态、培肥地力。同时，轮作休耕有利于缓解资源压力与农业面源污染，建立农业生产力与资源环境承载力及环境容量相配套的农业生产新格局，对加速农业发展方式转变，提高质量效益和农业竞争力意义深远。

我国生态类型多样，轮作休耕模式有明显区域差异性，需要因地制宜建立切实可行的轮作休耕耕作制度及配套补偿政策。在华北地下水漏斗区，适当压缩冬小麦—夏玉米两熟和蔬菜种植面积，发展冬小麦—夏玉米—春玉米两年三熟、春玉米一年一熟等季节性休耕模式，扩大冬小麦—夏花生（大豆、甘薯）等轮作模式。在南方重金属严重污染地区，可以将传统双季稻改为冬绿肥（蚕

豆、豌豆)——一季稻，或将水稻种植改为园艺作物，或休耕改良等；在轮作方式上，强化油—稻、绿肥—稻、饲料作物—稻等水旱轮作模式应用。在东北黑土区、华北农牧交错带风沙干旱区等生态严重退化区域，发展玉米—大豆、玉米—饲草（燕麦）、小麦—大豆等轮作模式（东北）；马铃薯—饲草（饲用燕麦、谷子、青贮玉米、箭筈豌豆等）及粮油作物（小麦、燕麦、胡麻、油菜、向日葵等）轮作模式（农牧交错风沙区）。西南丘陵区发展豆科牧草—水稻、油菜（小麦、马铃薯)—水稻、牧草—玉米/大豆带状间套多熟轮作模式。华南地区恢复部分桑基鱼塘、蔗基鱼塘、果基鱼塘等立体种植模式，针对蔬菜、香蕉连作障碍及土传病害严重问题，发展水稻—蔬菜（甜玉米、马铃薯）、香蕉—水稻等水旱轮作模式。

五、发展固碳减排与防灾减灾的气候智慧型耕作制度

全球气候变化已经对人类社会可持续发展造成重大威胁，人类活动向大气中排放过量的 CO_2、CH_4 和 N_2O 等温室气体是导致气候变化的重要原因之一，应对气候变化及减少温室气体排放，是全世界所有国家和地区都必须承担的义务和责任。如何构建一种既能保持农业发展和生产能力，又能实现固碳减排和缓解气候变化的发展新模式就显得非常迫切。气候智慧型农业（Climate - Smart Agriculture，CSA）由联合国粮食与农业组织（FAO）在 2010 年农业粮食安全和气候变化海牙会议上正式提出。其基本含义为"可持续增加农业生产力和气候变化抵御能力，减少或消除温室气体排放，增强国家粮食安全和实现社会经济发展目标的农业生产体系"。其实质是通过政策制度创新、管理技术优化，使农业生产的资源利用更加高效、产出更加稳定、抵御风险能力更强、碳汇能力更大、温室气体排放更少，为减缓全球气候变化做出更多贡献。

气候智慧型耕作制度核心目标：一方面是通过种植制度与土壤耕作制度优化，减少单位土地和农产品的温室气体排放量，提高碳汇能力，为减缓气候变化做贡献；另一方面，通过作物布局与种植模式优化、品种筛选与播期调整，增强作物生产系统对气候变化的适应能力，建立防灾减灾和趋利避害的生产体系。在具体做法上，第一，需要进行生产系统优化，围绕农业高产、集约化、弹性、可持续和低排放目标，探索提高生产系统整体效率、应变能力、适应能力和减排潜力的可行途径；第二，需要进行技术改进和提升，包括作物生产应对低温、高温、干旱、洪涝等极端性气象灾害的防灾减灾技术，秸秆还田、保护性耕作、绿肥与有机肥利用的土壤固碳技术，新型施肥、间歇灌溉及农药减施的农田温室气体减排技术以及农林复合种植、稻田混合种养、面源污染防控、生态农田构建等固碳减排技术；第三，需要进行制度优化和政策改进，建立相关法规和标准，通过机制创新激励各方共同参与。

白冰，2018. 近30年我国小麦生产时空变化特征及其产量贡献. 北京：中国农业大学.

白冰，杨雨豪，王小慧，等，2019. 基于农作制分区的1985—2015年中国小麦生产时空变化. 作物学报，45（10）：1554-1564.

陈阜，任天志，2010. 中国农作制发展优先序. 北京：中国农业出版社.

邓静中，1961. 农业区划方法. 北京：科学出版社.

傅漫琪，刘斌，王婧，等，2019.1985—2015年中国向日葵生产时空动态变化. 河南农业大学学报，53（4）：630-637.

胡跃高，2000. 农业总论. 北京：中国农业大学出版社.

淮贺举，2020. 作物生产与资源要素协调性评价平台研发及应用. 北京：中国农业大学.

霍明月，2020. 近30年我国主要农作物时空变化特征分析. 北京：中国农业大学.

李克南，杨晓光，刘志娟，等，2010. 全球气候变化对中国种植制度可能影响分析Ⅲ. 中国北方地区气候资源变化特征及其对种植制度界限可能影响. 中国农业科学，43（10）：2088-2097.

李奇峰，张海林，陈阜，2008. 东北农作区粮食作物种植格局变化的特征分析. 中国农业大学学报，13（3）：74-79.

李应中，1997. 中国农业区划学. 北京：中国农业科学技术出版社.

刘杰安，王小慧，吴尧，等，2019. 近30年我国谷子生产时空变化与区域优势研究. 中国农业科学，52（11）：1883-1894.

刘巽浩，韩湘玲，1987. 中国耕作制度区划. 北京：北京农业大学出版社.

刘巽浩，牟正国，1993. 中国耕作制度. 北京：中国农业出版社.

刘巽浩，2002. 农作制与中国农作制区划. 中国农业资源与区划，23（5）：11-15.

刘巽浩，高旺盛，陈阜，等，2005. 农作学. 北京：中国农业大学出版社.

刘巽浩，陈阜，2005. 中国农作制. 北京：中国农业出版社.

刘巽浩，2010. 扩汇节支促循环推进集约持续农业. 农业现代化研究，31（1）：65-68.

刘彦随，2018. 中国农业地域分异与现代农业区划方案. 地理学报，73（2）：203-218.

陆洲，2013. 定量化分析支持下全国耕作制度区划方法预研究. 中国农学通报，29（5）：86-91.

牟正国，1993. 我国农作制度的新进展. 栽培与耕作（3）.

全国农业区划办公室，1998. 中国农业资源报告. 北京：中国人口出版社.

全国农业综合区划委员会，1981. 中国综合农业区划. 北京：农业出版社.

全国农业综合区划委员会，1991. 中国农业自然资源和农业区划. 北京：农业出版社.

孙悦，2019.1985—2015年我国胡麻子生产时空动态变化. 作物杂志（6）：8-13.

王宏广，2006. 中国耕作制度 70 年. 北京：中国农业出版社.

王婧，2020. 1985—2015 年中国县域芝麻生产的时空演变. 中国农业大学学报，25（3）：203-213.

王立祥，李军，2003. 农作学. 北京：科学出版社.

王小慧，2018. 基于县域单元的我国水稻生产时空动态变化. 作物学报，44（11）：1704-1712.

许尔琪，2018. 中国农业资源环境分区. 中国工程科学，20（5）：57-62.

杨晓光，刘志娟，陈阜，2010. 全球气候变暖对我国种植制度可能影响（Ⅰ）气候变暖对我国种植制度北界和粮食产量的可能影响分析. 中国农业科学，43（2）：329-336.

杨晓光，陈阜，2014. 气候变化对中国种植制度的影响研究. 北京：气象出版社.

翟虎渠，1999. 农业概论. 北京：高等教育出版社.

赵锦，杨晓光，刘志娟，等，2010. 全球气候变暖对我国种植制度可能影响Ⅱ南方地区气候要素变化特征及对种植制度界限可能影响. 中国农业科学，43（9）：1860-1867.

中国农业地理编辑委员会，1980. 中国农业地理总论. 北京：科学出版社.

中国种植业区划编写组，1993. 中国种植业区划. 北京：中国农业科技出版社.

周立三，1964. 试论农业区域的形式演变、内部结构及其区划体系. 地理学报，30（1）：14-22.

周立三，2000. 中国农业地理. 北京：科学出版社.

IPCC，2007. Climate Change 2007：synthesis report. Intergovernmental Panel on Climate Change，Cambridge，UK：Cambridge University Press.

Jiang Y L，2020. Large-scale and high-resolution crop mapping in China using Sentinel-2 satellite imagery. Agriculture，10：433.

Jiang Y L，2021. Impacts of global warming on the cropping systems of China under technical improvements from 1961 to 2016. Agronomy Journal，113（1）：187-199.

Li Z，2009. Impacts of land use change and climate variability on hydrology in an agricultural catchment on the Loess Plateau of China. Journal of Hydrology，377：35-42.

Tao F L，2013. Single rice growth period was prolonged by cultivars shifts，but yield was damaged by climate change during 1981-2009 in China，and late rice was just opposite. Global Change Biology，19：3200-3209.

Yang X G，2015. Potential benefits of climate change for crop productivity in China. Agricultural and Forest Meteorology，208：76-84.

Yin X G，2016. Climate effects on crop yields in the Northeast Farming Region of China during 1961-2010. Journal of Agricultural Science，154（7）：1190-1208.

Yin X G，2016. Impacts and adaptation of the cropping systems to climate change in the Northeast Farming Region of China. European Journal of Agronomy，78：60-72.

Zhong F L，2020. Eco-efficiency of oasis seed maize production in an arid region，Northwest China. Journal of Cleaner Production，268，122220.

附录 全国耕作制度分区范围

1 区

1.1 黑龙江： 爱辉区 翠峦区 带岭区 红星区 呼玛县 嘉荫县 金山屯区 美溪区 漠河县南岔区 上甘岭区 孙吴县 塔河县 汤旺河区 铁力市 乌马河区 乌伊岭区 五营区 西林区 新青区 逊克县 伊春区 友好区

内蒙古： 阿荣旗 额尔古纳市 鄂伦春自治旗 根河市 莫力达瓦达斡尔族自治旗 牙克石市 扎兰屯市

1.2 黑龙江： 宝清县 宝山区 勃利县 城子河区 东风区 东山区 抚远市 富锦市 工农区 恒山区 虎林市 桦川县 桦南县 鸡东县 鸡冠区 集贤县 尖山区 郊区 岭东区 萝北县 密山市 南山区 前进区 茄子河区 饶河县 四方台区 绥滨县 汤原县 桃山区 同江市 向阳区（佳木斯市） 向阳区（鹤岗市） 新兴区 兴安区 兴山区 依兰县 友谊县

1.3 黑龙江： 阿城区 安达市 昂昂溪区 巴彦县 拜泉县 北安市 北林区 宾县 大同区 道里区 道外区 杜尔伯特蒙古族自治县 方正县 富拉尔基区 富裕县 甘南县 海伦市 红岗区 呼兰区 建华区 克东县 克山县 兰西县 林甸县 龙凤区 龙江县 龙沙区 梅里斯达斡尔族区 明水县 木兰县 南岗区 讷河市 嫩江县 碾子山区 平房区 青冈县 庆安县 让胡路区 萨尔图区 尚志市 双城区 松北区 绥棱县 泰来县 铁锋区 通河县 望奎县 五常市 五大连池市 香坊区延寿县 依安县 肇东市 肇源县 肇州县

吉　林： 昌邑区 朝阳区 船营区 德惠市 东丰县 东辽县 二道区 丰满区 扶余市 公主岭市 九台区 宽城区 梨树县 龙山区 龙潭区 绿园区 南关区 宁江区 农安县 前郭尔罗斯蒙古族自治县 乾安县 舒兰市 双辽市 双阳区 铁东区 铁西区 西安区 伊通满族自治县 永吉县 榆树市 长岭县

1.4 黑龙江： 爱民区 滴道区 东安区 东宁市 海林市 梨树区 林口县 麻山区 穆棱市 宁安市 绥芬河市 西安区 阳明区

吉　林：安图县　东昌区　敦化市　二道江区　抚松县　和龙市　桦甸市　珲春市　辉南县　浑江区　集安市　江源区　蛟河市　靖宇县　临江市　柳河县　龙井市　梅河口市　磐石市　通化县　图们市　汪清县　延吉市　长白朝鲜族自治县

1.5 辽　宁：鲅鱼圈区　白塔区　北镇市　本溪满族自治县　昌图县　大东区　大石桥市　大洼区　灯塔市　东港市　东陵区　东洲区　法库县　凤城市　抚顺县　盖州市　甘井子区　弓长岭区　古塔区　海城市　和平区　黑山县　宏伟区　桓仁满族自治县　皇姑区　金州区　开原市　康平县　宽甸满族自治县　老边区　立山区　连山区　辽阳县　辽中区　凌海市　凌河区　龙港区　旅顺口区　明山区　南芬区　南票区　盘山县　平山区　普兰店区　千山区　清河区　清原满族自治县　沙河口区　沈北新区　沈河区　双台子区　顺城区　苏家屯区　绥中县　台安县　太和区　太子河区　调兵山市　铁东区　铁岭县　铁西区（沈阳市）　铁西区（鞍山市）　瓦房店市　望花区　文圣区　西丰县　西岗区　西市区　溪湖区　新宾满族自治县　新抚区　新民市　兴城市　兴隆台区　岫岩满族自治县　银州区　于洪区　元宝区　站前区　彰武县　长海县　振安区　振兴区　中山区　庄河市

2　区

2.1 内蒙古：阿巴嘎旗　阿尔山市　阿鲁科尔沁旗　巴林右旗　巴林左旗白云鄂博矿区　察哈尔右翼后旗　察哈尔右翼中旗　陈巴尔虎旗　达尔罕茂明安联合旗　东乌珠穆沁旗　多伦县　鄂温克族自治旗　二连浩特市　固阳县　海拉尔区　化德县　霍林郭勒市　科尔沁右翼前旗　科尔沁右翼中旗　克什克腾旗　林西县　满洲里市　商都县　四子王旗　苏尼特右旗　苏尼特左旗　太仆寺旗　乌拉特后旗　乌拉特中旗乌兰浩特市　武川县　西乌珠穆沁旗　锡林浩特市　镶黄旗　新巴尔虎右旗　新巴尔虎左旗　扎鲁特旗　正蓝旗　正镶白旗

2.2 河　北：承德县　宽城满族自治县　隆化县　滦平县　平泉市　青龙满族自治县　双滦区　双桥区　兴隆县　鹰手营子矿区

吉　林：大安市　洮北区　洮南市　通榆县　镇赉县

辽　宁：北票市　朝阳县　阜新蒙古族自治县　海州区　建昌县　建平县　喀喇沁左翼蒙古族自治县　凌源市　龙城区　清河门区双塔区

太平区　细河区　新邱区　义县

内蒙古：敖汉旗　红山区　喀喇沁旗　开鲁县　科尔沁区　科尔沁左翼后旗　科尔沁左翼中旗　库伦旗　奈曼旗　宁城县　松山区　突泉县　翁牛特旗　元宝山区　扎赉特旗

2.3 北　京：延庆区

河　北：赤城县　崇礼区　丰宁满族自治县　沽源县　怀安县　怀来县康保县　涞源县　桥东区　桥西区　尚义县　万全区　围场满族蒙古族自治县　蔚县　下花园区　宣化区　阳原县张北县　涿鹿县

内蒙古：察哈尔右翼前旗　丰镇市　集宁区　凉城县　兴和县　卓资县

山　西：城区　大同县　怀仁县　静乐县　岢岚县　岚县　娄烦县　南郊区　宁武县　偏关县　平鲁区　山阴县　神池县　朔城区　天镇县　五寨县　新荣区　阳高县　右玉县　左云县

2.4 内蒙古：磴口县　东河区　海勃湾区　海南区　杭锦后旗　和林格尔县回民区　九原区　昆都仑区　临河区　青山区　清水河县　赛罕区　石拐区　土默特右旗　土默特左旗　托克托县　乌达区乌拉特前旗　五原县　新城区　玉泉区

宁　夏：大武口区　贺兰县　惠农区　金凤区　利通区　灵武市　平罗县　青铜峡市　沙坡头区　西夏区　兴庆区　永宁县　中宁县

2.5 内蒙古：达拉特旗　东胜区　鄂托克旗　鄂托克前旗　杭锦旗　乌审旗伊金霍洛旗　准格尔旗

2.6 内蒙古：阿拉善右旗　阿拉善左旗　额济纳旗

甘　肃：金川区　金塔县　民勤县

3　区

3.1 新　疆：布尔津县　富蕴县　哈巴河县　吉木乃县　青河县　博乐市　精河县　温泉县　昌吉市　阜康市　呼图壁县　吉木萨尔县　玛纳斯县　木垒哈萨克自治县　奇台县　巴里坤哈萨克自治县　伊吾县　白碱滩区　独山子区　克拉玛依区　乌尔禾区　额敏县　和布克赛尔蒙古自治县　沙湾县　塔城市　托里县　乌苏市　裕民县　达坂城区　米东区　沙依巴克区　水磨沟区　天山区　头屯河区　乌鲁木齐县　新市区　石河子市　五家渠市　察布查尔锡伯自治县　巩留县　霍城县　奎屯市　尼勒克县　特克斯县　新源县　伊宁市　伊宁县　昭苏县　福海县　阿勒泰市　布尔津县

3.2 新　疆：阿克苏市　阿瓦提县　拜城县　柯坪县　库车县　沙雅县　温宿

县　乌什县　新和县　博湖县　和静县　和硕县　库尔勒市　轮
台县　且末县　若羌县　尉犁县　焉耆回族自治县　哈密市　策
勒县　和田市　和田县　洛浦县　民丰县　墨玉县　皮山县　于
田县　巴楚县　喀什市　麦盖提县　莎车县　疏附县　疏勒县
塔什库尔干塔吉克自治县　叶城县　英吉沙县　岳普湖县　泽普
县　伽师县　阿合奇县　阿克陶县　阿图什市　乌恰县　吐鲁番
市　托克逊县　鄯善县　阿拉尔市　图木舒克市

3.3 甘　肃： 肃北蒙古族自治县　永昌县　敦煌市　瓜州县　肃州区　玉门市
古浪县　凉州区　甘州区　高台县　临泽县　民乐县　肃南裕固
族自治县　山丹县　市辖区

4　区

4.1 甘　肃： 岷县　迭部县　合作市　碌曲县　夏河县　舟曲县　卓尼县　刚
察县　海晏县　门源回族自治县　祁连县

**　　青　海：** 贵南县　同德县　兴海县　德令哈市　都兰县　天峻县　乌兰县
河南蒙古族自治县　泽库县　阿克塞哈萨克族自治县　宕昌县
天祝藏族自治县　共和县　海西蒙古族藏族自治州直辖　临潭县

4.2 四　川： 阿坝县　德格县　甘孜县　色达县　石渠县　班玛县　达日县
甘德县

**　　青　海：** 壤塘县　若尔盖县　措勤县　噶尔县　改则县　革吉县　普兰县
日土县　札达县　边坝县　丁青县　江达县　玛曲县

**　　西　藏：** 久治县　玛多县　玛沁县　格尔木市　当雄县　安多县　巴青县
班戈县　比如县　嘉黎县　那曲市　尼玛县　聂荣县　申扎县
索县　萨嘎县　仲巴县　称多县　囊谦县　曲麻莱县　玉树市
杂多县　治多县

**　　甘　肃：** 红原县

4.3 四　川： 黑水县　江孜县　康马县　拉孜县　南木林县　聂拉木县　仁布
县　日喀则市　萨迦县　谢通门县　亚东县　措美县　错那县
贡嘎县　加查县　浪卡子县　隆子县　洛扎县　乃东区　琼结县
曲松县　桑日县　扎囊县　马尔康市　康定市

**　　云　南：** 金川县　九寨沟县　理县　香格里拉市

**　　西　藏：** 松潘县　小金县　汶川县　八宿县　察雅县　昌都市　贡觉县
类乌齐县　洛隆县　芒康县　左贡县　德钦县　维西傈僳族自治
县　巴塘县　白玉县　丹巴县　稻城县　道孚县　得荣县　九龙

县　理塘县　炉霍县　乡城县　新龙县　雅江县　城关区　达孜区　堆龙德庆区　林周县　墨竹工卡县　尼木县　曲水县　木里藏族自治县　波密县　察隅县　工布江达县　朗县　林芝市　米林县　墨脱县　福贡县　贡山独龙族怒族自治县　昂仁县　白朗县　定结县　定日县　岗巴县　吉隆县　乃东区

5　区

5.1 河　南： 宝丰县　瀍河回族区　登封市　邓州市　方城县　巩义市　湖滨区　涧西区　老城区　灵宝市　卢氏县　鲁山县　栾川县　洛龙区　洛宁县　孟津县　渑池县　南召县　内乡县　汝阳县　汝州市　陕县　上街区　社旗县　石龙区　嵩县　唐河县　宛城区　卧龙区　西工区　西峡县　淅川县　新安县　新野县　偃师市　伊川县　宜阳县　义马市　荥阳市　镇平县

山　西： 安泽县　阳泉市城区　大同市城区　晋城市城区　代县　繁峙县　浮山县　高平市　古县　广灵县　和顺县　壶关县　浑源县　潞州区　阳泉市郊区　矿区　黎城县　灵丘县　陵川县　潞城市　平定县　平顺县　沁水县　沁县　沁源县　寿阳县　屯留县　五台县　武乡县　昔阳县　襄垣县　阳城县　应县　盂县　榆社县　泽州县　长治县　长子县　左权县

5.2 山　西： 定襄县　汾西县　汾阳市　古交市　河津市　洪洞县　侯马市　霍州市　稷山县　尖草坪区　绛县　交城县　介休市　晋源区　临猗县　灵石县　平陆县　平遥县　祁县　清徐县　曲沃县　芮城县　太谷县　万柏林区　万荣县　文水县　闻喜县　夏县　襄汾县　小店区　孝义市　忻府区　新绛县　杏花岭区　盐湖区　阳曲县　尧都区　翼城县　迎泽区　永济市　榆次区　垣曲县　原平市

陕　西： 灞桥区　碑林区　陈仓区　大荔县　凤翔县　扶风县　富平县　高陵区　鄠邑区　华县　华阴市　金台区　泾阳县　蓝田县　礼泉县　莲湖区　临潼区　临渭区　眉县　岐山县　乾县　秦都区　三原县　潼关县　未央区　渭滨区　渭城区　武功县　新城区　兴平市　阎良区　雁塔区　杨陵区　长安区　周至县

5.3 甘　肃： 华池县

山　西： 保德县　大宁县　方山县　河曲县　吉县　交口县　离石区　临县　柳林县　蒲县　石楼县　隰县　乡宁县　兴县　永和县　中

阳县

　陕　西：安塞区　宝塔区　定边县　府谷县　甘泉县　横山区　佳县　靖
边县　米脂县　清涧县　神木市　绥德县　吴堡县　吴起县　延
川县　延长县　榆阳区　志丹县　子长县　子洲县

5.4 甘　肃：崇信县　甘谷县　合水县　华亭县　泾川县　崆峒区　灵台县
麦积区　宁县　秦安县　秦州区　清水县　庆城县　西峰区　张
家川回族自治县　镇原县　正宁县　庄浪县

　宁　夏：泾源县

　陕　西：白水县　彬县　澄城县　淳化县　富县　韩城市　合阳县　黄陵
县黄龙县　麟游县　陇县　洛川县　蒲城县　千阳县　王益区
旬邑县　耀州区　宜川县　宜君县　印台区　永寿县　长武县

5.5 甘　肃：安定区　安宁区　白银区　城关区　东乡族自治县　皋兰县　广
河县　和政县　红古区　环县　会宁县　积石山保安族东乡族撒
拉族自治县　景泰县　靖远县　静宁县　康乐县　临洮县　临夏
市　临夏县　陇西县　平川区　七里河区　通渭县　渭源县　武
山县　西固区　永登县　永靖县　榆中县　漳县

　宁　夏：海原县　隆德县　阳县　同心县　西吉县　盐池县　原州区　红
寺堡区

　青　海：城北区　城东区　城西区　城中区　大通回族土族自治县　贵德
县　互助土族自治县　化隆回族自治县　湟源县　湟中县尖扎县
乐都区　民和回族土族自治县　平安区　同仁县　循化撒拉族自
治县

6　区

6.1 北　京：昌平区　朝阳区　大兴区　东城区　房山区　丰台区　海淀区
怀柔区　门头沟区　密云区　平谷区　石景山区　顺义区　通州
区　西城区

　河　北：安国市　柏乡县　北戴河区　北市区　博野县　昌黎县　成安县
磁县　丛台区　大厂回族自治县　定兴县　定州市　肥乡区　丰
润区　峰峰矿区　抚宁区　阜平县　复兴区　高碑店市　高邑县
藁城市　古冶区　海港区　邯郸市　邯山区　行唐县　晋州市
井陉矿区　井陉县　开平区　涞水县　蠡县　临城县　临漳县
灵寿县　隆尧县　卢龙县　鹿泉市　路北区　路南区　栾城县
滦县　满城县　南和县　南市区　内丘县　宁晋县　平山县　迁

安市　迁西县　桥东区（石家庄市）　桥东区（邢台市）　桥西区（石家庄市）　桥西区（邢台市）　清苑区　曲阳县　任县　容城县　三河市　沙河市　山海关区　涉县　深泽县　顺平县　唐县望都县　无极县　武安市　香河县　辛集市　新华区　新乐市新市区　邢台县　徐水区　易县　永年区　玉田县　裕华区　元氏县　赞皇县　长安区　赵县　正定县　涿州市　遵化市

河　南：安阳县　北关区　博爱县　凤泉区　鹤山区　红旗区　辉县市获嘉县　吉利区　济源市　解放区　浚县　林州市　龙安区　马村区　孟州市　牧野区　淇滨区　淇县　沁阳市　山城区　山阳区　汤阴县　卫滨区　卫辉市　温县　文峰区　武陟县　新乡县修武县　殷都区　中站区

6.2 河　北：安次区　安平县　安新县　霸州市　泊头市　沧县　曹妃甸区大城县　大名县　东光县　丰南区　阜城县　高阳县　固安县故城县　馆陶县　广平县　广阳区　广宗县　海兴县　河间市黄骅市　鸡泽县　冀州区　景县　巨鹿县　乐亭县　临西县　滦南县　孟村回族自治县　南宫市　南皮县　平乡县　青县　清河县　邱县　曲周县　饶阳县　任丘市　深州市　肃宁县　桃城区威县　魏县　文安县　吴桥县　武强县　武邑县　献县　新河县新华区　雄县　盐山县　永清县　运河区　枣强县

河　南：范县　封丘县　华龙区　滑县　南乐县　内黄县　濮阳县　清丰县　台前县　延津县　原阳县　长垣县

山　东：滨城区　茌平县　德城区　东阿县　东昌府区　高唐县　冠县河口区　惠民县　济阳县　乐陵市　利津县　临清市　临邑县陵县　宁津县　平原县　齐河县　庆云县　商河县　莘县　天桥区　无棣县　武城县　夏津县　阳谷县　阳信县　禹城市　沾化区

天　津：宝坻区　北辰区　滨海新区　东丽区　和平区　河北区　河东区河西区　红桥区　津南区　静海区　南开区　宁河区　武清区西青区

6.3 山　东：安丘市　博山区　博兴县　兰陵县　昌乐县　昌邑市　城阳区岱岳区　东港区　东营区　坊子区　肥城市　费县　福山区　钢城区　高密市　高青县　广饶县　海阳市　寒亭区　河东区　槐荫区　环翠区　桓台县　黄岛区　即墨区　黄岛区　胶州市　莒南县　莒县　垦利区　奎文区　莱城区　莱山区　莱西市　莱阳市　莱州市　兰山区　岚山区　崂山区　李沧区　历城区　历下

区　临朐县　临沭县　临淄区　龙口市　罗庄区　蒙阴县　牟平
区　宁阳县　蓬莱市　平度市　平邑县　平阴县　栖霞市　青州
市　曲阜市　荣成市　乳山市　山亭区　市北区　市南区　市中
区（济南市）　市中区（枣庄市）　寿光市　四方区　泗水县　台
儿庄区　泰山区　郯城县　滕州市　微山县　潍城区　文登区
五莲县　新泰市　薛城区　兖州区　沂南县　沂水县　沂源县
峄城区　张店区　章丘区　长岛县　长清区　招远市　芝罘区
周村区　诸城市　淄川区　邹城市　邹平县

6.4安　徽： 砀山县　杜集区　凤台县　阜南县　固镇县　怀远县　淮上区
界首市　利辛县　烈山区　临泉县　灵璧县　龙子湖区　蒙城县
潘集区　谯城区　泗县　濉溪县　太和县　涡阳县　五河县　相
山区　萧县　颍东区　颍泉区　颍上县　颍州区　埇桥区

　　河　南：川汇区　郸城县　二七区　扶沟县　鼓楼区　管城回族区　淮滨
县　淮阳县　惠济区　郏县　金明区　金水区　开封市　兰考县
梁园区　临颍县　龙亭区　鹿邑县　泌阳县　民权县　宁陵县
平舆县　杞县　确山县　汝南县　商水县　上蔡县　沈丘县　顺
河回族区　睢县　睢阳区　遂平县　太康县　通许县　桐柏县
卫东区　尉氏县　魏都区　舞钢市　舞阳县　西华县　西平县
息县　夏邑县　襄城县　项城市　新蔡县　新华区　新密市　新
郑市　许昌市　鄢陵县　郾城区　叶县　驿城区　永城市　虞城
县　禹王台区　禹州市　源汇区　湛河区　长葛市　召陵区　柘
城县　正阳县　中牟县　中原区

　　江　苏：滨海县　东海县　丰县　赣榆区　鼓楼区　灌南县　灌云县　海
州区　淮安区　淮阴区贾汪区　连云区　涟水县　沛县　邳州市
清江浦　泉山区　沭阳县　泗洪县　泗阳县　睢宁县　铜山区
响水县　新浦区　新沂市　宿城区　宿豫区　云龙区

　　山　东：曹县　成武县　单县　定陶区　东明县　东平县　嘉祥县　金乡
县　巨野县　鄄城县　梁山县　牡丹区　任城区　市中区　汶上
县　鱼台县　郓城县

7　区

7.1陕　西： 白河县　汉滨区　汉阴县　宁陕县　平利县　石泉县　旬阳县
镇坪县　紫阳县　岚皋县　凤县　太白县　城固县　佛坪县　汉
台区　留坝县　略阳县　勉县　南郑区　宁强县　西乡县　洋县

镇巴县　丹凤县　洛南县　山阳县　商南县　商州区　镇安县
柞水县

甘　肃：成县　徽县　康县　礼县　两当县　文县　武都区　西和县

四　川：万源市　青川县　北川羌族自治县　平武县

湖　北：神农架林区　房县　茅箭区　郧西县　郧阳区　张湾区　竹山县
竹溪县　保康县　兴山县

重　庆：城口县　巫山县　巫溪县

7.2 湖　北：巴东县　会同县　靖州苗族侗族自治县　麻阳苗族自治县　通道
侗族自治县　新晃侗族自治县　中方县　芷江侗族自治县　沅陵
县　溆浦县　城步苗族自治县

贵　州：从江县　锦屏县　黎平县　天柱县　榕江县　江口县　思南县
松桃苗族自治县　碧江区　万山区　印江土家族苗族自治县

湖　南：咸丰县　宣恩县　从江县　锦屏县　黎平县　天柱县　榕江县
江口县　思南县　松桃苗族自治县　碧江区　万山区　印江土家
族苗族自治县　保靖县　凤凰县　古丈县　花垣县　吉首市　龙
山县　永顺县　长阳土家族自治县　五峰土家族自治县　秭归县
桑植县　黔江区　彭水苗族土家族自治县　石柱土家族自治县
秀山土家族苗族自治县　酉阳土家族苗族自治县　石门县　辰溪
县　鹤城区　洪江市

重　庆：恩施市　鹤峰县　建始县　来凤县　利川市

7.3 贵　州：关岭布依族苗族自治县　平坝区　普定县　西秀区　镇宁布依族
苗族自治县　紫云苗族布依族自治县　金沙县　黔西县　织金县
白云区　花溪区　开阳　南明区　清镇市　乌当区　息烽县　小
河区　修文县　云岩区　六枝特区　丹寨县　黄平县　剑河县
凯里市　雷山县　麻江县　三穗县　施秉县　台江县　镇远县
岑巩县　长顺县　都匀市　独山县　福泉市　贵定县　惠水县
荔波县　龙里县　罗甸县　平塘县　三都水族自治县　瓮安县
安龙县　册亨县　普安县　晴隆县　望谟县　兴仁县　兴义市
贞丰县　德江县　石阡县　沿河土家族自治县　玉屏侗族自治县
道真仡佬族苗族自治县　凤冈县　红花岗区　汇川区　仁怀市
绥阳县　桐梓县　务川仡佬族苗族自治县　习水县　余庆县　正
安县　遵义市　湄潭县

7.4 贵　州：七星关区　大方县　赫章县　纳雍县　威宁彝族回族苗族自治县
鹤庆县　泸定县　峨边彝族自治县　盘州市

四　川：马边彝族自治县　古城区　华坪县　宁蒗彝族自治县　永胜县

玉龙纳西族自治县　布拖县　德昌县　甘洛县　会东县　会理县
金阳县　雷波县　美姑县　冕宁县　宁南县　普格县　西昌市
喜德县　盐源县　越西县　昭觉县　水城县　钟山区　兰坪白族
普米族自治县　东区　米易县　仁和区　西区　盐边县

云　南：会泽县　宣威市　宝兴县　汉源县　芦山县　石棉县　天全县
荥经县　屏山县　大关县　鲁甸县　巧家县　水富县　绥江县
威信县　盐津县　彝良县　永善县　昭阳区　镇雄县

7.5 云　南：昌宁县　隆阳区　楚雄市　大姚县　禄丰县　牟定县　南华县
双柏县　武定县　姚安县　永仁县　元谋县　宾川县　大理市
洱源县　剑川县　弥渡县　南涧彝族自治县　巍山彝族回族自治
县　祥云县　漾濞彝族自治县　永平县　云龙县　弥勒市　泸西
县　安宁市　呈贡区　东川区　富民县　官渡区　晋宁区　禄劝
彝族苗族自治县　盘龙区　石林彝族自治县　五华区　西山区
寻甸回族彝族自治县　宜良县　嵩明县　凤庆县　泸水市　富源
县　陆良县　罗平县　马龙区　师宗县　沾益区　麒麟区　丘北
县　砚山县　澄江县　峨山彝族自治县　红塔区　华宁县　江川
区　通海县　易门县

8　区

8.1 四　川：安县　成华区　崇州市　大邑县　丹棱县　东坡区　都江堰市
峨眉山市　涪城区　广汉市　洪雅县　夹江县　简阳市　江油市
金口河区　金牛区　金堂县　锦江区　旌阳区　井研县　龙泉驿
区　罗江县　绵竹市　名山区　彭山区　彭州市　郫都区　蒲江
县　青白江区　青神县　青羊区　邛崃市　仁寿县　沙湾区　什
邡市　市中区　双流区　温江区　五通桥区　武侯区　新都区
新津县　游仙区　雨城区

8.2 贵　州：赤水市

四　川：安居区　安岳县　巴州区　苍溪县　朝天区　船山区　翠屏区
达县　大安区　大英县　大竹县　东兴区　富顺县　高坪区　高
县　珙县　贡井区　古蔺县　广安区　合江县　华蓥市　嘉陵区
犍为县　剑阁县　江安县　江阳区　筠连县　开江县　阆中市
乐至县　利州区　邻水县　龙马潭区　隆昌市　泸县　沐川县
纳溪区　南部县　南江县　南溪区　蓬安县　蓬溪县　平昌县
渠县　荣县　三台县　射洪县　市中区　顺庆区　通川区　通江

县 旺苍县 威远县 武胜县 西充县 兴文县 叙永县 宣汉
县沿滩区 盐亭县 雁江区 仪陇县 宜宾县 营山县 元坝区
岳池县 长宁县 中江县 资中县 梓潼县 自流井区

重 庆：巴南区 北碚区 璧山区 大渡口区 大足区 垫江县 丰都县奉
节县 涪陵区 合川区 江北区 江津区 九龙坡区 开县 梁平
区 南岸区 南川区 綦江区 荣昌区 沙坪坝区 铜梁区 潼南
区 万州区 武隆区 永川区 渝北区 渝中区 云阳县 长寿区
忠县

9　区

9.1 安　徽：八公山区 蚌山区 大通区 定远县 凤阳县 霍邱县 霍山县
金安区 金寨县 明光市 寿县 田家庵区 谢家集区 禹会区
裕安区 长丰县

河　南：固始县 光山县 潢川县 罗山县 平桥区 商城县 浉河区
新县

湖　北：曾都区 大悟县 丹江口市 当阳市 点军区 东宝区 掇刀区
樊城区 谷城县 广水市 京山县 老河口市 南漳县 沙洋县
伍家岗区 西陵区 襄城区 襄州区 猇亭区 夷陵区 宜城市
宜都市 远安县 枣阳市 枝江市 钟祥市

9.2 安　徽：包河区 巢湖市 当涂县 肥东县 肥西县 含山县 和县 花
山区 鸠江区 来安县 琅琊区 庐阳区 南谯区 全椒县 蜀
山区 天长市 瑶海区 雨山区

江　苏：白下区 宝应县 梁溪区 滨湖区 常熟市 崇川区 大丰区
丹徒区 丹阳市 东台市 阜宁县 港闸区 高淳区 高港区
高邮市 鼓楼区 广陵区 海安县 海陵区 海门市 邗江区
洪泽区 惠山区 建湖县 建邺区 江都区 江宁区 江阴市
姜堰区 金湖县 金坛区 京口区 靖江市 句容市 溧水区
溧阳市 六合区 浦口区 栖霞区 戚墅堰区 启东市 秦淮区
如东县 如皋市 润州区 射阳县 太仓市 泰兴市 天宁区
亭湖区 通州区 武进区 锡山区 下关区 新北区 兴化市
盱眙县 玄武区 盐都区 扬中市 仪征市 宜兴市 雨花台区
张家港市 钟楼区

浙　江：北仑区 慈溪市

9.3 安　徽：枞阳县 大观区 东至县 繁昌县 广德县 贵池区 怀宁县

　　　　　　黄山区　徽州区　绩溪县　郊区　泾县　旌德县　镜湖区　郎溪
县　庐江县　南陵县　宁国市　祁门县　潜山县　青阳县　三山
区　狮子山区　石台县　舒城县　太湖县　桐城市　铜官山区
铜陵市　屯溪区　望江县　无为县　芜湖县　歙县　休宁县　宿
松县　宣州区　黟县　宜秀区　弋江区　迎江区　岳西县

湖　北：安陆市　蔡甸区　赤壁市　崇阳县　大冶市　东西湖区　鄂城区
公安县　汉川市　汉南区　汉阳区　红安县　洪湖市　洪山区
华容区　黄陂区　黄梅县　黄石港区　黄州区　嘉鱼县　监利县
江岸区　江汉区　江陵县　江夏区　荆州区　梁子湖　罗田县
麻城市　蕲春县　潜江市　硚口区　青山区　沙市区　石首市
松滋市　天门市　铁山区　通城县　通山县　团风县　武昌区
武穴市　西塞山区　浠水县　下陆区　仙桃市　咸安区　孝昌县
孝南区　新洲区　阳新县　英山县　应城市　云梦县

江　苏：姑苏区　虎丘区　昆山市　吴江区　吴中区　相城区

江　西：昌江区　德兴市　浮梁县　广丰区　横峰县　铅山县　瑞昌市
上饶县　武宁县　婺源县　信州区　修水县　玉山县　珠山区

上　海：宝山区　崇明区　奉贤区　虹口区　黄浦区　嘉定区　金山区
静安区　闵行区　浦东新区　普陀区　青浦区　松江区　徐汇区
杨浦区　闸北区　长宁区

浙　江：安吉县　常山县　淳安县　岱山县　德清县　定海区　富阳区
拱墅区　海宁市　海曙区　海盐县　嘉善县　建德市　江北区
鄞州区　江干区　江山市　金东区　开化县　柯城区　兰溪市
临安区　龙游县　南湖区　南浔区　平湖市　浦江县　普陀区
衢江区　上城区　上虞区　绍兴市　嵊泗县　桐庐县　桐乡市
吴兴区　婺城区　西湖区　下城区　萧山区　秀洲区　义乌市
鄞州区　余杭区　余姚市　越城区　长兴县　镇海区　诸暨市

9.4 湖　南：安仁县　安乡县　北塔区　茶陵县　常宁市　大祥区　鼎城区
东安县　芙蓉区　汉寿县　荷塘区　赫山区　衡东县　衡南县
衡山县　衡阳县　华容县　津市市　君山区　开福区　耒阳市
冷水江市　冷水滩区　澧县　醴陵市　涟源市　临澧县　临湘市
零陵区　浏阳市　娄星区　芦淞区　汨罗市　南县　南岳区　宁
乡市　平江县　祁东县　祁阳县　韶山市　邵东县　邵阳县　石
峰区　石鼓区　双峰县　双清区　桃江县　桃源县　天心区　天
元区　望城区　武陵区　湘潭县　湘乡市　湘阴县　新邵县　雁
峰区　攸县　雨湖区　雨花区　沅江市　岳麓区　岳塘区　岳阳

楼区　岳阳县　云溪区　长沙县　蒸湘区　珠晖区　株洲县　资阳区

江　西：安福县　安义县　安源区　崇仁县　德安县　东湖区　东乡区　都昌县　分宜县　丰城市　奉新县　赣县　高安市　广昌县　贵溪市　湖口县　吉安县　吉水县　吉州区　金溪县　进贤县　靖安县　九江市　乐安县　乐平市　黎川县　莲花县　临川区　芦溪县　庐山市　南昌县　南城县　南丰县　南康区　宁都县　彭泽县　鄱阳县　青山湖区　青原区　青云谱区　上高县　上栗县　泰和县　铜鼓县　湾里区　万安县　万年县　万载县　西湖区　峡江县　湘东区　新干县　新建区　信丰县　兴国县　浔阳区　宜丰县　宜黄县　弋阳县　永丰县　永新县　永修县　于都县　余干县　余江县　渝水区　袁州区　月湖区　章贡区　樟树市　资溪县

10　区

10.1福　建：安溪县　仓山区　城厢区　大田县　德化县　丰泽区　福安市　福鼎市　福清市　古田县　鼓楼区　光泽县　海沧区　涵江区　湖里区　华安县　惠安县　集美区　建宁县　建瓯市　建阳区　将乐县　蕉城区　金门县　晋安区　晋江市　鲤城区　荔城区　连城县　连江县　龙文区　罗源县　洛江区　马尾区　梅列区　闽侯县　闽清县　明溪县　南安市　宁化县　平潭县　屏南县　浦城县　清流县　泉港区　三元区　沙县　上杭县　邵武市　石狮市　寿宁县　顺昌县　思明区　松溪县　台江区　泰宁县　同安区　武平县　武夷山市　霞浦县　仙游县　芗城区　翔安区　新罗区　秀屿区　延平区　永安市　永春县　永定区　永泰县　尤溪县　漳平市　长乐区　长泰县　长汀县　柘荣县　政和县　周宁县

广　东：蕉岭县　平远县

浙　江：滨江区　苍南县　东阳市　洞头区　奉化区　黄岩区　椒江区　缙云县　景宁畲族自治县　乐清市　莲都区　临海市　龙泉市　龙湾区　鹿城区　路桥区　宁海县　瓯海区　磐安县　平阳县　青田县　庆元县　瑞安市　三门县　嵊州市　松阳县　遂昌县　泰顺县　天台县　温岭市　文成县　武义县　仙居县　象山县　新昌县　永嘉县　永康市　玉环市　云和县

10.2 广 东：封开县　佛冈县　广宁县　和平县　怀集县　乐昌市　连南瑶族
自治县　连平县　连山壮族瑶族自治县　连州市　龙川县　龙门
县　南雄市　曲江区　仁化县　乳源瑶族自治县　始兴县　翁源
县　武江区　新丰县　阳山县　英德市　浈江区

广 西：八步区　巴马瑶族自治县　城中区　大化瑶族自治县　叠彩区
东兰县　凤山县　富川瑶族自治县　恭城瑶族自治县　灌阳县
合山市　环江毛南族自治县　金城江区　金秀瑶族自治县　乐业
县　荔浦市　临桂区　灵川县　凌云县　柳北区　柳城县　柳江
区　柳南区　龙胜各族自治县　隆林各族自治县　鹿寨县　罗城
仫佬族自治县　蒙山县　南丹县　平乐县　七星区　全州县　融
安县　融水苗族自治县　三江侗族自治县　天峨县　田林县　武
宣县　西林县　象山区　象州县　忻城县　兴安县　兴宾区　秀
峰区　雁山区　阳朔县　宜州区　永福县　鱼峰区　昭平县　钟
山县　资源县

湖 南：北湖区　道县　桂东县　桂阳县　嘉禾县　江华瑶族自治县　江
永县　蓝山县　临武县　宁远县　汝城县　双牌县　苏仙区　新
田县　炎陵县　宜章县　永兴县　资兴市

江 西：安远县　崇义县　大余县　定南县　会昌县　井冈山市　龙南县
全南县　瑞金市　上犹县　石城县　遂川县　寻乌县

11　区

11.1 广 东：白云区　宝安区　博罗县　禅城区　潮安区　潮南区　潮阳区
城区　澄海区　赤坎区　从化区　大埔县　德庆县　电白区　鼎
湖区　东莞市　东源县　斗门区　端州区　恩平市　番禺区　丰
顺县　福田区　高明区　高要区　高州市　海丰县　海珠区　濠
江区　鹤山市　花都区　化州市　黄埔区　惠城区　惠东县　惠
来县　惠阳区　江城区　江海区　揭东县　揭西县　金平区　金
湾区　开平市　雷州市　荔湾区　廉江市　龙岗区　龙湖区　陆
丰市　陆河县　罗定市　罗湖区　萝岗区　麻章区　茂港区　茂南
区　梅江区　梅县　南澳县　南海区　南沙区　南山区　蓬江区
坡头区　普宁市　清城区　清新区　饶平县　榕城区　三水区
顺德区　四会市　遂溪县　台山市　天河区　吴川市　五华县　霞
山区　香洲区　湘桥区　新会区　新兴县　信宜市　兴宁市　徐
闻县　盐田区　阳春市　阳东区　阳西县　郁南县　源城区　越

秀区　云安区　云城区　增城区　中山市　紫金县

广　西：北流市　宾阳县　博白县　苍梧县　岑溪市　大新县　德保县
蝶山区　东兴市　都安瑶族自治县　防城区　扶绥县　港北区
港口区　港南区桂平市　海城区　浦县　横县　江南区　江州区
靖西市　良庆区　灵山县　龙州县　隆安县　陆川县　马山县
那坡县　宁明县　平果县　平南县　凭祥市　浦北县　钦北区
钦南区　青秀区　容县　上林县　上思县　覃塘区　藤县　天等
县　田东县　田阳县　铁山港区　万秀区　武鸣区　西乡塘区
兴宁区　兴业县　银海区　邕宁区　右江区　玉州区　长洲区

海　南：白沙黎族自治县　保亭黎族苗族自治县　昌江黎族自治县　澄迈
县　儋州市　定安县　东方市　乐东黎族自治县　临高县　陵水
黎族自治县　龙华区　美兰区　南沙群岛　琼海市　琼山区　琼
中黎族苗族自治县　三亚市　屯昌县　万宁市　文昌市　五指山
市　西沙群岛　秀英区　中沙群岛的岛礁及其海域

福　建：东山县　龙海市　南靖县　平和县　云霄县　漳浦县　诏安县

澳门特别行政区

香港特别行政区

台湾省：高雄市　花莲县　基隆市　嘉义市　嘉义县　苗栗县　南投县
澎湖县　屏东县　台北市　台东县　台南市　台中市　桃园县
新北市　新竹市　新竹县　宜兰县　云林县　彰化县

11.2 云　南：沧源佤族自治县　富宁县　个旧市　耿马傣族佤族自治县　广南
县　河口瑶族自治县　红河县　建水县　江城哈尼族彝族自治县
金平苗族瑶族傣族自治县　景东彝族自治县　景谷傣族彝族自治
县　景洪市　开远市　澜沧拉祜族自治县　梁河县　临翔区　龙
陵县　陇川县　绿春县麻栗坡县　马关县　芒市　蒙自市　勐海
县　勐腊县　孟连傣族拉祜族佤族自治县　墨江哈尼族自治县
宁洱哈尼族彝族自治县　屏边苗族自治县　瑞丽市　施甸县　石
屏县　双江拉祜族佤族布朗族傣族自治县　思茅区　腾冲市　文
山市　西畴县　西盟佤族自治县　新平彝族傣族自治县　盈江县
永德县　元江哈尼族彝族傣族自治县　元阳县　云县　镇康县
镇沅彝族哈尼族拉祜族自治县

图书在版编目（CIP）数据

中国耕作制度发展与新区划 / 陈阜等编著 . —北京：
中国农业出版社，2021.5
ISBN 978 - 7 - 109 - 28120 - 2

Ⅰ.①中… Ⅱ.①陈… Ⅲ.①耕作制度－发展－研究
－中国②耕作制度－区划－研究－中国 Ⅳ.①S344

中国版本图书馆 CIP 数据核字（2021）第 063517 号
审图号：GB（2021）3172 号

中国农业出版社出版
地址：北京市朝阳区麦子店街 18 号楼
邮编：100125
责任编辑：丁瑞华 郭银巧
版式设计：王 晨 责任校对：吴丽婷
印刷：北京中兴印刷有限公司
版次：2021 年 5 月第 1 版
印次：2021 年 5 月北京第 1 次印刷
发行：新华书店北京发行所
开本：700mm×1000mm 1/16
印张：9.25
字数：180 千字
定价：65.00 元
